工程衛士
建設管家

王早生

二〇二二年八月十六日

2023 中国建设监理与咨询

——深化改革创新　推动高质量发展

主编　　中国建设监理协会

中国建筑工业出版社

图书在版编目（CIP）数据

2023中国建设监理与咨询. 深化改革创新　推动高质量发展 / 中国建设监理协会主编. —北京：中国建筑工业出版社，2023.7
ISBN 978-7-112-28882-3

Ⅰ.①2…　Ⅱ.①中…　Ⅲ.①建筑工程－监理工作－研究－中国　Ⅳ.①TU712.2

中国国家版本馆CIP数据核字（2023）第121022号

责任编辑：焦　阳　陈小娟
文字编辑：汪箫仪
责任校对：王　烨

2023 中国建设监理与咨询
——深化改革创新　推动高质量发展
主编　中国建设监理协会
*
中国建筑工业出版社出版、发行（北京海淀三里河路 9 号）
各地新华书店、建筑书店经销
北京雅盈中佳图文设计公司制版
天津图文方嘉印刷有限公司印刷
*
开本：880 毫米 × 1230 毫米　1/16　印张：$7^1/_2$　字数：300 千字
2023 年 7 月第一版　2023 年 7 月第一次印刷
定价：35.00 元
ISBN 978-7-112-28882-3
（41297）

目录 CONTENTS

行业发展　8

政策法规　11

特别关注　12

监理论坛　17

项目管理与咨询　　52

创新与发展　　75

中国建设监理协会王早生会长赴粤走访调研——调研广东监理企业数字化转型升级情况

2023年5月10–11日，中国建设监理协会王早生会长赴粤走访调研。分别走访了广东创成建设监理咨询有限公司、广东鼎耀工程技术有限公司两家企业，重点了解企业发展情况、企业数字平台建设、行业标准建设等方面工作；广东省建设监理协会会长孙成，秘书长邓强，副秘书长黄鸿钦和许冰纯陪同走访调研。

走访广东创成建设监理咨询有限公司

广东创成建设监理咨询有限公司（以下简称“创成公司”）是广东省电力工程监理专业领域的优秀代表，该公司在电力系统数字化转型、行业标准编制方面已具有国内领先水平。

5月10日下午，王早生会长一行参观了创成公司的数字监理室，听取了创成公司关于数字监理系统建设及电力建设监理行业标准建设情况汇报，并通过云上可视监控，感受项目现场的多维实时工作管控。随后双方进行座谈交流。

座谈会上，大家认真听取了广东电网公司和创成公司领导班子对南方电网服务情况、创成公司文化、电力监理服务等方面的介绍，并围绕数字化转型、行业标准建设及行业改革发展等方面进行探讨和交流。

孙成会长在会上发言，他希望：一是创成公司借助智能监理服务手段，改变服务模式，进一步提升工程项目安全和质量；二是创成公司要为未来行业数字监理的课题研究提供技术支持；三是充分发挥自身专业优势，总结提炼数字监理工程项目经验，通过项目成果展示，发挥监理龙头企业示范引领作用。

通过交流，王早生会长对创成公司给予了高度评价，鼓励企业继续做大做强，并提出了以下建议：一是通过数字平台建设，公司未来实现“数字监理，提质增效”；二是公司在数字建设中，有关“数字豆”“车载监控云台”等创意要及时申请注册发明专利；三是以信息化为目标，通过科技攻关，监理服务向信息化融合发展，影响并带动全省监理企业；四是电力行业标准建设可与中国建设监理协会合作并联合发布，以便更好地推广应用，扩大行业影响力。

走访广东鼎耀工程技术有限公司

广东鼎耀工程技术有限公司（以下简称“鼎耀公司”）是广东省监理服务成功转型全过程工程咨询服务的优秀代表，同时也是国内为数不多的监理行业转型为科技型公司的优秀代表。5月11日上午，王早生会长一行首先参观了鼎耀公司BIM数字建造展厅有关自主研发“鼎耀宏数字建造（BIM）协同管理平台”、BIM技术应用成果展示，并通过管理平台远程体验了项目现场的720° 全方位监控的应用。随后双方召开座谈交流会。

会上，与会人员就鼎耀公司的发展历程、“鼎耀宏数字建造（BIM）协同管理平台”的系列版本升级、数字化标准编制及数字化项目管理发展等内容进行深入交流。

孙成会长对鼎耀公司的文化建设、党务建设及“换道超车”取得的数字化应用成果给予高度评价和热烈祝贺，他寄语：一是鼎耀公司通过扎实的数据积累，全面构建数字化管理平台，早日实现公司“减员提质增效”的目标；二是实现数字技术更深入、更广泛地应用到工程项目现场；三是协会鼓励鼎耀公司将数字化应用成果推广到全省，为全省监理企业转型升级发展做好示范，引领监理行业往智慧化服务发展；四是鼎耀公司要积极参与行业数字化标准的课题研究，为广东省监理行业高质量发展作出更大的贡献。

王早生会长表示，通过此次对鼎耀公司的调研，对鼎耀公司在全过程工程咨询、数字化标准建设和数字化应用等方面取得的成绩，给予了高度赞赏，他认为：一是鼎耀公司在稳健发展基础上，要继续扩大规模，将数字化应用产品向全国推广，覆盖全国各地；二是鼎耀公司自身要加强宣传，行业协会也要鼓励扶持技术型企业，为企业提供宣传、推广、支持的平台；三是鼎耀公司产品开发的版本可多样性，适合不同企业或项目需求，并注重项目案例、服务流程和手册的编制，以便更好地推广和应用。

（广东省建设监理协会　供稿）

山东省建设监理与咨询协会组织召开“‘方圆BIM云’全寿命工程管理集成协同总控平台应用”专家论证会

2023年5月11日，山东省建设监理与咨询协会在济南组织召开了“‘方圆BIM云’全寿命工程管理集成协同总控平台应用”专家论证会，省监理与咨询协会理事长徐友全出席、常务副秘书长李虚进主持，参加会议的专家及相关人员共27人。

会议邀请设计、工程咨询、全过程工程咨询、招标代理、监理、IT软件、用户代表等单位的9位专家组成论证专家组，推举山东同力建设项目管理有限公司副董事长、正高级工程师谢永刚为专家组组长，并主持论证工作。平台研发单位元亨工程咨询集团有限公司和广州数建信息科技有限公司分别对“‘方圆BIM云’全寿命工程管理集成协同总控平台”的设计思路、使用案例等方面作了汇报，专家组每位专家从各自专业角度对平台的行业需求、全过程工程咨询服务运用、平台功能、平台结构、平台应用、市场培训、运用推广等方面进行了质询，本着“客观、公正、科学、可靠”的原则，形成论证意见，认为“方圆BIM云”平台资料齐全，编制内容和软件设计深度基本符合建筑行业全过程工程咨询服务政策、项目管理规范、软件技术标准的相关要求，具有推广价值，建议行业协会组织相关企业学习，通过应用推广不断完善平台功能，推进工程咨询服务行业的数字化发展。

徐友全理事长作会议总结，指出“‘方圆BIM云’全寿命工程管理集成协同总控平台”符合国家提出的“加快数字化发展，建设数字中国”推进数字产业化、产业数字化转型的政策，为工程咨询行业加快推进数字化，智慧化转型升级作出了贡献，并提出了后续开发“1+1+N”，即一个平台、一个模型和N个工程现场智慧化应用工具的建议。

（山东省建设监理与咨询协会　供稿）

河南省住房和城乡建设厅督导组莅临省建设监理协会督导调研主题教育工作

2023年5月11日上午，河南省住房和城乡建设厅主题教育督导调研组、厅人事教育处副处长朱爱杰、厅机关党委四级主任科员刘晓霞一行到省建设监理协会督导调研学习贯彻习近平新时代中国特色社会主义思想主题教育工作。协会党支部书记、会长孙惠民，副书记、秘书长耿春，党支部全体党员参加督导会议。

孙惠民书记从加强组织领导，强化理论学习，认真开展调查研究，推动行业高质量发展，深入检视整改问题，存在的问题及下一步工作打算等方面向督导调研组汇报了协会党支部主题教育工作的开展情况。

督导调研组详细查看了协会党支部主题教育实施方案、理论学习计划、调研课题及成果、问题清单和整改台账等有关资料，对协会党支部主题教育工作给予了肯定，并指出了存在的问题和改进方向。

调研督导组强调，要切实提高政治站位，把开展主题教育作为学习贯彻党的二十大精神的重要举措。此次主题教育不划阶段、不分环节，要把理论学习、调查研究、检视整改、推动发展、建章立制等贯通起来，有机融合，一体推进；要坚持学思用贯通、知信行统一，结合工作实际，把主题教育与业务工作深度融合；要坚持问题导向，深入细化问题清单，找实找准，将调研成果转化为推动发展的实际行动；要梳理用好正反面典型案例，认真开展警示教育；要提炼总结主题教育好的经验做法，及时报送主题教育有关信息。

（河南省建设监理协会　供稿）

山东省建设监理与咨询协会组织会员参加全省房屋市政工程监理工作观摩交流活动

2023 年 4 月 12–13 日，山东省建设监理与咨询协会组织会员监理企业参加山东省住房和城乡建设厅在潍坊市举办的全省房屋市政工程监理工作观摩交流活动，省住房和城乡建设厅党组成员、副厅长王润晓主持活动，中国建设监理协会王早生会长受邀参加活动并讲话。潍坊市政府、各市及部分县区住房和城乡建设部门、厅有关处室单位负责同志及会员监理企业代表等 300 余人参加活动。

4 月 12 日下午，现场观摩阶段，全体参会人员学习了潍坊市 2 个在监项目的监理部红色党建、监理工作智慧化、现场管理标准化、职责履行规范化等情况。调研座谈阶段，建设、施工和监理企业代表作典型发言；省监理与咨询协会、潍坊市建设工程咨询协会及监理企业代表集体宣读《落实监理责任 捍卫质量安全》倡议书；省监理与咨询协会副秘书长陈刚解读汇报了《建设工程监理工作规程》《建设工程监理文件资料管理规程》两项地方性标准的编制背景、过程及创新等情况。

王早生会长表示本次观摩交流活动的举办是对山东监理工作的总结，对未来发展的部署和展望，并作了《深化监理改革创新 推动行业高质量发展》的报告。

4 月 13 日上午召开了全省房屋市政工程监理工作座谈会，青岛、烟台、潍坊、济南市起步区、日照市莒县等五市、区、县住房和城乡建设主管部门作了监理工作开展情况的典型发言；16 市住房和城乡建设局负责人分别汇报了 2023 年的监理工作计划和百日行动专项整治工作的开展情况，省住房和城乡建设厅相关处室结合监理业务交流发言。

本次观摩交流全面总结了山东省 10 年来工程监理行业发展的经验，指明了未来监理行业改革创新的方向，进一步压实了监理企业责任，必将对全省工程咨询服务业的发展产生深远影响。

（山东省建设监理与咨询协会 供稿）

天津市建设监理协会与天津大学建工学院召开协作交流座谈会

2023 年 4 月 20 日，天津市建设监理协会与天津大学建工学院召开协作交流座谈会，协会理事长吴树勇，副理事长兼秘书长赵光琪，副理事长郑国华、庄洪亮和监事长石嵬，天津大学建工学院党委书记马德刚、副院长王希然等参加座谈。

王希然副院长从学院简介、师资队伍、科学研究、培养过程、学生发展、教学资源和发展规划等方面作了介绍。

吴树勇理事长简要介绍了协会的基本情况，重点介绍了协会“服务、咨询、沟通、协调、宣传”的职能作用和在为企业、为行业发展、为行政主管部门决策服务等方面所做的工作。

双方围绕如何充分发挥天津大学在科学研究、成果转化、人才培养等方面的优势，发挥协会的纽带桥梁作用，带动协会会员单位转型发展，在课题研究、团体标准建设、高层次技术人才和管理人才培养等方面开展合作进行了深入的探讨和交流。

大家一致认为，本次交流座谈会是贯彻落实党的二十大报告“关于要深入实施人才强国战略，努力培养造就高技能人才”精神，扎实落实天津市委、市政府提出的“十项行动”中关于“科教兴市、人才强市”的部署要求，希望通过此次交流座谈，探索合作模式，创新合作机制，携手助力监理行业高质量发展。

（天津市建设监理协会 供稿）

2023年4月14日公布的工程建设标准

序号	标准编号	标准名称	发布日期	实施日期
国标				
1	GB 50517—2010	《石油化工金属管道工程施工质量验收规范》	2023/4/14	2023/5/1
2	GB 50695—2011	《涤纶、锦纶、丙纶设备工程安装与质量验收规范》	2023/4/14	2023/5/1
3	GB 50487—2008	《水利水电工程地质勘察规范》	2023/4/14	2023/5/1
行标				
1	CJJ/T 111—2023	《节段预制混凝土桥梁技术标准》	2023/4/14	2023/5/1
2	JGJ/T 492—2023	《超长混凝土结构无缝施工标准》	2023/4/14	2023/5/1

住房和城乡建设部办公厅关于推行勘察设计工程师和监理工程师注册申请“掌上办”的通知

建办市函〔2023〕114号

各省、自治区住房和城乡建设厅，直辖市住房和城乡建设（管）委，北京市规划和自然资源委，新疆生产建设兵团住房和城乡建设局：

为进一步优化政务服务水平，办好便民惠民“关键小事”，自2023年5月8日起，新增勘察设计注册工程师（二级注册结构工程师除外）、注册监理工程师注册申请“掌上办”功能。现将有关事项通知如下：

一、注册申请“掌上办”。申请人可通过微信、支付宝搜索“住房和城乡建设部政务服务门户”小程序，办理勘察设计注册工程师（二级注册结构工程师除外）、注册监理工程师注册申请、注册进度查询、个人信息修改等业务。省级住房和城乡建设主管部门通过勘察设计注册工程师和注册监理工程师注册管理信息系统收到注册申请数据后，应及时完成上报。

二、加强事中事后监管。各级住房和城乡建设主管部门要充分运用数字化等手段，按照“双随机、一公开”原则，加强对勘察设计注册工程师、注册监理工程师注册工作和执业活动的事中事后监督检查。对存在弄虚作假等违法违规行为的人员和企业，依据有关法律法规进行处理，维护建筑市场秩序，保障工程质量安全。

社会公众可通过全国建筑市场监管公共服务平台，查询勘察设计注册工程师、注册监理工程师的注册信息、执业单位变更记录信息。

住房和城乡建设部办公厅 2023年4月28日

（此件主动公开）

编者按：

4月12日至13日，山东省住房和城乡建设厅在潍坊市组织全省房屋市政工程监理工作观摩交流活动。中国建设监理协会会长王早生应邀参加交流活动。王早生会长在会上发言时提出，随着建筑业供给侧结构性改革和工程建设组织模式变革，扎实推进高质量发展是监理行业发展的必由之路。监理行业要不忘初心、牢记使命，全力做好工程监理工作，成为工程质量安全不可或缺的“保障网”，成为提高工程建设水平、投资效益的“助力器”，成为建筑业高质量发展的“守护者”；广大监理企业要以“**树正气、补短板、强基础、扩规模**”为突破口，改革创新，转型升级，真正成为“**工程卫士、建设管家**”。

中国建设监理协会会长王早生在山东省房屋市政工程监理工作观摩交流活动上的讲话

（4月12日）

尊敬的王副厅长、各市住建系统部门的领导，各位企业家：

大家好！很高兴受山东省住房和城乡建设厅的邀请，参加本次会议。这是一次重要而有意义的活动，既是对山东省监理工作的总结，也是对未来监理行业发展的部署和展望。

20世纪80年代中后期，伴随着改革开放的浩然东风，建设工程监理制度应运而生。工程监理制度自1988年实施至今已有35载，今年也是中国建设监理协会成立30周年，协会将举办一系列的宣传纪念活动。这将是对过去监理事业发展的总结，也是对未来行业发展方向的指引。工程监理制度经历了1988年至1992年的试点探索阶段，1993年至1995年的稳步发展阶段，再到1996年至今的全面推广，从筚路蓝缕到如今硕果盈枝，工程监理的身影在北京奥运场馆、上海世博园区、京沪高铁、港珠澳大桥、北京大兴机场等基础设施建设项目中随处可见；象征国家工程建设质量最高荣誉的“鲁班奖”和“詹天佑奖”，都有监理人的辛勤耕耘和突出贡献。工程监理制度的实施，加快了我国工程建设管理方式向社会化、市场化、专业化转变的步伐，在保障建设工程质量安全，提高建设工程投资效益，控制建设工期等方面发挥了不可替代的作用；为我国建筑业发展、经济社会发展以及提高人民生活水平、增强国家的综合国力等各个方面作出了积极贡献。我们监理人要坚持监理制度自信、监理工作自信、监理能力自信和监理发展自信，坚定信心，砥砺前行。

下面我就如何促进监理行业高质量发展谈一些看法，供大家参考。

一、不忘初心、牢记使命，当好“工程卫士、建设管家”

当前，监理行业正处于一个前所未有的变革时期。国家经济发展进入新常态，供给侧结构性改革、建筑业改革和工程建设组织模式变革的深入推进，建筑业提质增效、转型升级的需求十分迫切。面对百年未有之大变局，国际、国内、各行各业，包括监理行业等方方面面都在经历巨大的变化，我们要以踔厉奋发的精神，迎接未来的机遇和挑战。

（一）高质量发展是必由之路

党的十九大首次提出“高质量发展”理念，表明中国经济由高速增长阶段转向高质量发展阶段。随着《质量强国建设纲要》的发布，质量强国提升为一项国家战略，表明了国家推动经济社会高质量发展的决心和部署，以高质量发展为目标，统筹各行各业的发展目标。监理行业不能置之度外。

（二）全国统一大市场正在形成

近些年，我国持续深化“放管服”改革，在加快建设一流营商环境方面推出了很多举措。2022 年，《中共中央 国务院关于加快建设全国统一大市场的意见》发布，提出加快建设高效规范、公平竞争、充分开放的全国统一大市场，为打造良好市场营商环境提供了政策保障。当然，在建立完善市场经济秩序、完善体制建设方面，还有许多工作要做，比如通过改革解放生产力、调整生产关系。我们不能仅仅寄希望于外部环境，还要清醒地认识到，在全国统一大市场的趋势下，将破除地方保护和区域壁垒，对企业自身建设也提出了更高的要求。监理企业只有不断提升核心竞争力，才不会在市场竞争中被淘汰。

（三）监理行业转型升级时不我待

2017 年，《国务院办公厅关于促进建筑业持续健康发展的意见》提出，“鼓励工程监理等咨询类企业采取联合经营、并购重组等方式发展全过程工程咨询”。2019 年，《国务院办公厅转发住房城乡建设部关于完善质量保障体系提升建筑工程品质指导意见的通知》提出，“要鼓励采取政府购买服务的方式，委托具备条件的社会力量进行工程质量监督检查和抽测，探索工程监理企业参与监管模式”；提出“要创新工程监理制度，严格落实工程咨询（投资）、勘察设计、监理、造价等领域职业资格人员的质量责任”。一系列促进工程监理企业拓展业务的政策，表明国家对工程监理的重视，指明了监理转型升级的方向，为行业发展注入了新活力。同时监理行业也迎来了机遇与挑战并存的时代。

当前，监理行业要不忘初心、牢记使命，不负时代，全力做好工程监理工作，成为工程质量安全不可或缺的“保障网”，提高工程建设水平、投资效益的“助力器”，不辜负国家、社会和人民群众的期望，真正成为工程建设高质量发展的“守护者”。我们既要和政府紧密联系，协助配合政府承担质量安全监管的专业工作，成为名副其实的“**工程卫士**”，又要不断苦练内功，为业主提供优质高效的服务，当好业主信任的“**建设管家**”。

二、以“树正气、补短板、强基础、扩规模”为突破口，改革创新，转型升级

习近平总书记强调，要坚持问题导向，坚持底线思维，把问题作为研究制定政策的起点，把工作的着力点放在解决最突出的矛盾和问题上。近些年，监理行业伴随国家经济长期向好，企业数量实现了快速增长，但数量的扩张并不完全代表高质量发展，一些陈旧的理念、短浅的目光、结构性缺陷等问题依然存在。大家知道，企业是市场经济的主体。监理事业要发展，真正当好“**工程卫士、建设管家**”，监理企业重任在肩。我们要真抓实干，找准制约企业发展的瓶颈，通过采取“**树正气、补短板、强基础、扩规模**”的措施，正本清源，提升监理履职能力，夯实高质量发展基础，努力以改革创新为动力，实现转型升级，将企业做强做优做大。

（一）树正气，塑造良好形象

习近平总书记强调，企业家要讲正气、走正道，做到聚精会神办企业、遵纪守法搞经营，在合法合规中提高企业竞争能力。监理作为工程建设领域的五方责任主体之一，要深刻领会总书记的讲话精神，带头树正气，率先垂范，发挥好监理在工程建设领域中的“关键少

数”作用。监理企业要以习近平新时代中国特色社会主义思想武装头脑，深入学习贯彻党的二十大精神，加强党组织建设，将党支部建在项目上，把党建工作与企业发展的实践工作有机融合起来，提高思想政治觉悟，始终与党全心全意为人民服务的宗旨保持高度一致。以坚强的党性树正气，当企业、个人利益与保障建设工程质量安全和行业利益发生冲突时，要以长远的眼光，以承担社会责任的使命感，保障国家、社会和人民的利益。以良好的作风树正气，监理的作风就是监理的形象，监理人只有在履职中保持廉洁自律、正气突出、作风过硬，才能在监督时受到施工单位的尊重，在管理时让业主单位信服。以诚信自律树正气，提振精神干事创业，塑造诚信经营、公平竞争的良好形象，赢得业主和社会的信任。

（二）补短板，提升竞争优势

监理制度设立之初就提出要在项目建设早期阶段开展工作，在设计阶段进行设计管理，在工程招标投标阶段为业主把好关，择优选择施工单位等。但由于多种原因，导致监理企业在结构、模块、业态、功能等方面有缺陷，有缺项，有短板，使得企业转型升级、业务拓展乏力。在建筑业由劳动密集型向科技型、增长数量型向效益型、发展粗放型向集约型转变的背景下，市场对智力密集型、技术复合型、管理集约型的工程建设咨询服务企业需求加大。如果我们不能补上人才、科技、功能等短板，将无法满足市场需求。

我们要有顺势而为的智慧，以改革为动力，以发展全过程工程咨询为契机补功能短板，尤其是要补设计和前期咨询等上游短板。补设计短板主要是为了开展设计管理、设计咨询和设计优化等工作，而不是为了单纯去做设计的业务，当然能做也不放弃。我们可以通过加强自身能力建设、加强与各方合作、融合设计单位、引进人才等方式，弥补前期咨询、规划设计、招标采购、造价咨询等功能短板，弥补科技和各专业咨询的人才短板，从而提升监理企业综合实力，提升竞争优势。

（三）强基础，提升履职能力

建筑业是一个具有数千年历史的传统行业，古代封建社会六部之一的工部就是主管建筑业的。古时有土木工匠始祖鲁班，设计大师宇文恺；近代有詹天佑、茅以升，他们都是设计、施工领域的佼佼者。如果将基础雄厚的施工、设计比作是千百年的老字号，监理则是改革开放后产生的新品牌。随着建筑业呈现新型工业化、产业现代化、建造智能化、管理信息化，监理行业高素质复合型人才缺乏、信息化技术应用水平落后、技术标准化建设基础薄弱等问题日益凸显，尤其是缺乏专业性强、可操作的标准化规定。监理企业要通过创新发展生产力，深化改革生产关系来强基础，厚积薄发，提升监理品质，以服务质量赢得市场，赢得未来。

1. 重人才，厚植发展根基。人才是第一资源。监理行业高质量发展需要懂技术懂管理的人，监理企业深化改革就要调动人的主观能动性。监理企业应建立人才培养的长效机制，包括绩效考核、股权激励、培训提升、晋升通道等，多元化、多层次地对员工进行管理，差异化地分配任务，做到人岗相适，人尽其才，努力提高员工的归属感和忠诚度，实现企业与员工共享共创共担共赢，保障人才的稳定性。培育精通工程技术、熟悉工程建设各项法律法规、善于沟通协调管理的综合素质高的人才队伍，将人才资源转化为市场资源，将人才优势转化为发展优势，实现企业的可持续发展。

2. 兴科技，抢占发展高点。科技是第一生产力，信息化不仅仅是一种技术，它带来的是整个社会的变革。监理企业创新发展离不开信息化，在今后人口红利逐渐下降、人工成本不断提高的趋势下，运用信息化技术，可以强化企业对项目监理机构的管控，提高工程实体检测、监测的效率，从而实现企业减员提质增效，使企业插上翅膀，实现腾飞。我们都知道，监理的职责包含“监督”和“管理”，监理人员须坚守在施工现场履职。“减员”并不是偷工减料、降低服务质量，而是采用施工现场巡查穿戴设备、无人机巡查、实时监控、物联网、AI 人工智能等信息系统和装备，对关键节点、关键部位实施科学管控，提高监管精确度和工作效率。与传统监理方式相比，提质增效在现代化监理中得以充分体现。例如传统监理方式是在施工过程中发现问题，现代化监理方式则是通过 BIM 技术在模拟施工中分析问题，从时间、空间维度实现项目进度、质量、造价等要素管理一体化，避免施工过程的资源浪费。比如海南一个宾馆改建项目应用 BIM 技术解决现场管线碰撞的问题 1450 个，共节约成本 21.7 万元。这种例子比比皆是。监理项目应用信息化平台和移动通信设备等实现协同工作，能及时准确了解项目现场实际的工作状态，对项目进行科学化、标准化、规范化、格式化的管理，实现了前方有管理、后方有支撑的管理模式，既提升了企业管理水平，又降低了经营成本和经营风险。但目前大多数监理企业的信息化水平还不高，监理企业应提高思想认识，高度重视企业信息化建设，以信息化助力企业实现“精前端、强后台”的项目协同管理，为业主提供高质量的信息化监理服务。信息化将成为监理企业的标配。

3. 促改革，激发企业活力。改革是引领发展的第一动力。随着国家全面深化改革，监理行业的改革也势在必行。国家明确了高质量发展的战略目标，出台了一系列促进监理行业高质量发展的政策，为改革提供了有力保障。监理企业只有紧跟形势，紧跟市场，才有发展前景。

监理行业是个轻资产的行业，不是靠土地、厂房、设备等投入发展，最重要的组成是懂技术懂管理的人。人才就是生产力，劳动创造价值。企业是市场经济的主体，合理的收入分配制度是激发劳动价值创造的动力之源，也是平衡劳资分配关系、实现社会公平正义的基础。坚持我国以公有制为主体、多种所有制经济共同发展，按劳分配为主体、多种分配方式并存，社会主义市场经济体制等基本经济制度，深化企业收入分配制度改革，是促进高质量发展的重要一环，也是实现共同富裕的必经之路。

2020 年，国家开启了国有企业改革三年行动，以推进混合所有制改革，激发国企活力。国有企业要根据国家政策和企业实际，发挥体制、信用等优势，以提高核心竞争力和增强核心功能为重点，主动适应，积极作为，在行业转型升级、高质量发展的关键时期，加快资源要素整合，健全管理体系，以履约服务能力建设为根本，从人员素质、履职待遇、考核激励等方面改革创新，加强管理，提升国有经济的竞争力、创新力、控制力、影响力和抗风险能力。

监理企业中，大多数是民营企业，有的是以家族式经营，有的是合伙制经营，还有一些股份制、上市公司等。我想，我们民营企业也要跟上步伐，不断深化改革，这和社会主义市场经济追求共同富裕的目标是一致的。咨询行业的性质决定了企业的经营管理方式。民营企业要发挥决策灵活、市场应变力强等优势，着力提高社会信用度，加强信息化建设，创建企业文化和企业品牌，以提升综合服务能力为抓手提高市场占有率，从而形成人才和市场的双赢。家族式经营的企业，可以通过吸引一些优质的合作伙伴，从股权高度集中的家庭结构向合伙制的股权结构改革，为企业发展注入新动能。已经建立股份制的企业和已经上市的企业，可以通过股权股份结构的合理调整和配股倾斜，形成公司的核心层、中坚层，吸纳优秀人才，培养员工的主人翁意识，实现企业与员工共享共创共担共赢。

总之，各企业可以根据自身情况，在不同发展阶段采取不同的发展方式。我们的目的是要通过改革，让全体员工对企业有信心，能够同舟共济、同甘共苦，增强竞争能力，促进企业发展，实现共同富裕。

4. 立标准，实施科学管理。诚信和服务质量是监理企业的安身立命之本，而判断诚信和服务质量优劣的依据是标准。标准化建设是企业做强做优做大的前提，监理企业要在经营管理实践中不断总结经验，制定符合企业发展规律的，具有科学性、规范性和经济性的企业标准。完善的企业标准包括组织标准、工作制度标准、资料文件标准、管理标准、信息化标准等。对外，企业标准是向业主作出的承诺，是业主评价监理服务的依据；对内，企业标准是规范管理、规范工作的实践指导。监理企业应加强国标、团标的学习贯彻落实，同时重视企业标准的制定和执行，实现科学高效管理，提升企业整体素质和服务水平。

5. 蕴文化，注入发展灵魂。文化是企业发展的灵魂，是企业的无形资产和软实力，对外可以提升企业应变能力，对内可以提升企业员工的凝聚力与向心力。监理企业在建设企业文化时，一是要树立客户利益至上、质量为先、诚信为本的理念，尤其是诚信的理念。所谓“诚招天下客，誉从信中来”，要将诚信内化于心，外化于行，培育诚信自觉，将诚信转化为财富。二是要根据企业自身定位，树立品牌战略意识，通过设立企业愿景、使命、价值观等来丰富企业文化内涵，着力提高品牌竞争力，促进企业发展。

（四）扩规模，增强抗风险能力

习近平总书记强调，国有企业是壮大国家综合实力、保障人民共同利益的重要力量，必须理直气壮做强做优做大，不断增强活力、影响力、抗风险能力，实现国有资产保值增值。同时，国家“十四五”规划和 2035 年远景目标纲要也明确了优化民营企业发展环境，促进民营企业高质量发展的目标。目前，监理行业从业人员有 160 多万，分布在 12000 多家监理企业，平均单个企业的人数才百余人，监理企业规模偏小。俗话说“人微言轻”，企业规模小，在行业内和社会上的影响力也小。面对市场激烈的竞争，监理取费谈判空间小、抗风险能力弱、无法适应全国统一大市场等问题接踵而出，对企业的经营甚至行业的发展产生直接影响。因此，监理企业要敢于创新，敢于突破，不能墨守成规，安于现状。我们要认真学习贯彻国家的方针政策，多元化综合型的大型企业要以做强、做优为目标，努力发展成龙头企业，引领中小型企业有节奏、积极稳妥地做强做优做大。我们鼓励有条件的监理企业通过并购重组、收购混改，甚至被收购重组等市场化方式扩大规模，提高企业综合实力和社会影响力，掌握行业话语权，增强抗风险能力。同时，也要反对挂靠等造成规模大而不强，甚至严重损害监理的公信力的行为。

三、凝心聚力，积极营造促进监理发展的社会环境

在高质量发展形势下，为了更好地抓住发展机遇，鼓励监理企业做强做优做大，不仅需要企业自身强基础、扩规模，还需要政府部门、行业协会等多方凝心聚力，共同营造促进监理发展的社会环境。

（一）争取有关部门的政策支持

为贯彻落实《中共中央 国务院关于加快建设全国统一大市场的意见》，打破地方保护和区域壁垒，以开放、包容、共享的态度，营造公平透明稳定的全国统一大市场环境，协会将积极参与到信用评价体系建设中，及时反馈信用评价情况，为制定实施精准监管提供依据。

建议进一步完善“互联网＋政务”服务管理体系，加强在监理资质审批后的动态监管，开展监理企业资质动态核查，及时清除不符合资质标准的企业，同时加强对不符合资质标准的企业业务承揽情况的监管。加强对窗口服务人员的培训，提升为企业服务的办事效率。

建议规范监理招标投标市场，创新招标投标监管体制，加强招标投标的事中事后监管。通过将信用评价结果与招标投标、现场监管挂钩，规范建设单位的招标行为，引导监理企业诚信、自律参与投标活动、依法依规承接监理业务；加强项目施工现场的差异化、动态监管，实现招标投标市场与项目施工现场的两场双联动。例如对低于成本价中标的企业，加大对其施工现场履职情况的检查。

建议为监理企业提供更多的发展途径，鼓励监理企业承接政府购买服务业务，协助开展市场检查、安全巡检等监管，弥补监管力量不足。对于非强制性监理项目，鼓励业主、施工单位委托监理单位开展质量安全检查。

鼓励有条件的监理企业向全过程工程咨询转型升级，鼓励多元化综合型大型企业要以做优、做强为目标，努力发展成为龙头企业，引领广大中小企业共同发展，共同实现为建筑业全链条提供高质量服务。

（二）监理协会要主动作为，积极发挥作用

加强行业协会智库建设。要建立健全行业人才库、专家库、数据库、资料库，组织行业资深专家研究行业发展趋势和政策，针对行业发展难点、热点问题进行专题研究，为政府部门进行行业规划和政策制定提供依据和智力支撑，同时也为工程监理企业发展提供咨询和指引。

提升服务水平，创新服务方式。对内要制定协会工作人员的培训培养计划，从服务理念、业务管理、文化知识等方面全方位提升为会员服务的水平。对外积极开展丰富多彩的监理业务相关活动，例如知识竞赛、职业技能竞赛、优秀论文评选、经验交流会、监理业务辅导等，提升行业凝聚力。

加强诚信体系建设，要倡导单位会员积极参加信用自评估工作，并适时将自评估结果对社会公布，引导监理行业树立诚信意识，营造风清气正的市场氛围。

加强标准化建设，以标准化规范企业业务流程，提高业务执行效率，实现资源合理配置。引导监理企业树立标准化服务意识，积极参与标准立项，对已经发布的标准进行贯彻落实。以标准化服务，树立良好的监理形象，促进社会各界对工程监理的定位和工程监理单位应承担的职责产生共识。

加强协会间自律机制共建，共同抵制恶性竞争和损害监理形象的行为。对不自律的企业和个人进行诫勉教育，情节严重的在行业内予以通报，维护企业经济利益，维护行业形象。

同志们，山东省住房和城乡建设厅在工程监理制度建立35周年之际，召开了一次有意义的监理工作会议。我热切期望其他省也能够像山东一样筹备召开监理工作会议，总结35年来监理事业的发展，展望监理的未来。

同志们，风正时济，自当破浪前行；任重道远，更需快马加鞭。监理行业转型升级、改革创新的主基调已明确，我们要将自身能力建设落实到位，不断提升服务品质，全力保障工程质量安全，坚定高质量发展的决心不动摇，以更加饱满的热情，更加昂扬的斗志，更加务实的作风，开创工程监理行业高质量发展的新局面！

旧楼改造外立面改金属幕墙监理管控要点

高　健
北京诺士诚国际工程项目管理有限公司

摘　要：本文通过旧楼改造不拆除外立面墙砖面层，直接安装金属幕墙的工程实践，介绍了在B2级保温材料面层切割外墙砖的防火施工措施，分析了在不允许动火的条件下后置埋件和转接件选型、复杂外窗节点部位防水构造深化重点；综合阐述了旧楼改造中金属板幕墙施工监理的管控要点，现场实际与设计不一致时通过二次设计、深化设计解决问题的办法。

关键词：旧楼改造；金属幕墙；管控要点

引言

在老旧小区改造项目中，旧楼原有外立面不拆除直接增加岩棉保温和金属板幕墙的工程不算很多，但是难度很大，给施工和监理工作带来较大的挑战。施工中原墙面砖、保温板的剔除，幕墙预埋件的定位等工序，必须实行精细化管理、精细化施工，稍有不慎，就会产生飞沫、破坏结构面、埋件安装位置与设计不符等问题，以及产生火灾隐患。

一、项目基本情况与重难点分析

（一）项目基本情况

原建筑建成于2003年，框架剪力墙结构，外墙面为劈开砖，已粘贴完成，首层石材干挂完成90%即停工，2020年5月开启改造修复。项目建筑层数26层，高度82m，改造后的外立面为铝板幕墙系统，共计约1.1万m^2。外墙部位改造情况如下。

1. 将原墙面空鼓及埋件部位面砖剔除，其他部位面砖保留，在墙砖外安装50mm厚岩棉板作为防火层，然后安装金属幕墙。

2. 首层原干挂石材、龙骨全部拆除至结构面层，重新安装石材。

3. 原外窗、复式层幕墙全部拆除，改为断桥铝合金窗，玻璃为三层中空玻璃。

4. 新增金属幕墙系统面层为3mm厚灰色氟碳喷涂铝板，竖向龙骨为120mm×60mm镀锌钢管，副龙骨为50mm×5mm角钢。

（二）施工难点分析

1. 原墙面保温为EPS模塑聚苯板，防火等级为B2级。埋件部位装饰面层、保温层须拆除至结构面，但不能扰动周边保温层。拆除时需要同时有防火、防坠物措施，且拆除后的外露保温板必须立即做防火封闭处理，难度较大。

2. 由于原建筑物设计、施工资料不全，新图纸中预埋件的位置与原结构墙柱不完全吻合，如按照当前图纸中的埋件定位施工，埋件可能会整体在二次结构墙面上，或一半为二次结构填充墙，另一半为结构梁，这将严重影响后置埋件安装质量。

3. 外墙面均为后置埋件，安装锚栓时难免会触碰结构钢筋，影响锚栓安装。

4. 墙面多数为 600mm×1200mm 铝单板，窗间墙为 C 形铝板，龙骨安装的整体平整度直接影响后续铝板安装效果，大面积铝板整体的平整度控制、外窗窗台和窗上口铝板排水坡度处理难度较大。

5. 外窗与铝板收口部位尺寸难以把握，设计该部位为竖向平胶缝，为保证室内尺寸的方正，窗侧边铝板需要经过严格的量测方可下单，尺寸把控较为困难。

二、施工前方案探讨

（一）安全施工方案

根据原设计、施工资料，本工程外墙在 2022 年左右施工，保温材料为 B2 级 EPS 板材，可燃，剔凿时极易造成飞沫，影响周边环境。在拆除前，经过多次商讨，确定方案为：使用水钻进行施工，在开孔时，必须随时供水，不得出现开孔时摩擦出火星现象。同时在清理碎块的时候使用防火布加镀锌铁皮制作的接料斗进行承接，防止砖块掉落，且不得有飞沫产生。为确保施工过程中的防火，要求在吊篮内安装两具灭火器，并使用防护圈做好灭火器的固定。

（二）现场试验

利用水钻对外墙砖进行分格切割（图 1），保证拆除过程中工具高速转动下所产生的热量通过水进行降温，不至于产生的火花，待切割穿透外墙砖后，利用錾子或螺丝刀等工具按照所测量的尺寸剔凿。预埋板预留部位拆除时，下方设置警戒线，施工单位、监理单位安排人员进行旁站，保温及面砖层拆除的同时采用接料斗工具进行防护（图 2）。

（三）埋件周边断面部位防火措施

在方案讨论时，要求埋件周边进行两道工序防火处理，必须达到 100% 不燃，保护埋件周边保温板的同时，又能起到保温节能的作用。

第一道工序为在埋件槽周边外露的保温板上使用防火涂料进行封闭处理，所有保温板外露部位必须全部涂刷到位，厚度不小于 10mm，监理现场抽检，并做厚度检测，如有漏涂部位，将进行经济处罚，并要求重新补涂（图 3）。

第二道工序为安装转接件后，使用 100mm 厚 A 级不燃保温岩棉裁切成块，用黏接砂浆满粘在埋件周边及埋件上，确保该部位无外露保温板且不留冷桥。

（四）埋件选型

考虑该部位防火等级要求高，在进行可行性施工研究时，监理参与其中，对方案提出意见，要求不得在安装部位动焊。通过讨论，确定使用槽式埋件的方案。槽式埋件在施工过程中，后续转接件安装可以调整位置，安装较为方便。但槽式埋件的转接件在安装时接触面部位会有滑移隐患，监理工程师提出，在转接件部位设置防滑槽，增加摩擦。监理通过幕墙单位与厂家沟通，此种转接件可生产，且有使用案例，避免了滑移隐患。

（五）方案审查

1. 审查方案内容是否与前期各方讨论意见相一致。

2. 结合现场对原结构的实地勘察，审查幕墙单位编制的《幕墙施工方案》中龙骨定位、外轮廓尺寸、测量方法的合理性。

3. 审查方案中外立面铝板与外窗交接部位收口处理措施、铝板坡度等节点大样是否描述清晰，具有可操作性。

经监理认真审查，施工单位修改完善后，方案最终通过了专家论证。

三、施工过程质量管控措施

（一）主要材料质量控制

1. 埋件、龙骨检查

使用漆膜测厚仪及游标卡尺对进场埋件进行检查，严格按照合同及规范要求的镀锌层厚度检测，合格后方可进入施工现场。槽式埋件还需要进行卡槽焊接质量检查，检查合格后的埋件方可使用。针对龙骨，主要进行壁厚、外观、镀锌层等检查，检查合格后见证取样复试。

2. 铝板进场检查要点

针对铝板，主要对背面加强肋间距、折边部位氟碳漆喷涂厚度进行检查。对于窗间墙部位只能固定三面角码、一侧无固定端的特殊铝板，在深化设计时，将该部位三个面固定位置角码间距由 350mm 改为 150mm，增加固定点，从而减小铝板变形量，使安装精度符合要求。

图1 现场使用水钻试验

图2 使用接料斗防止飞沫与坠物

图3 水钻剔凿试验及埋件部位EPS板防火涂料封闭

3. 紧固件检查

紧固件使用 304 不锈钢螺栓，材料进场应查看合格证、检测报告，要求镍含量 8% 以上，锰含量 2% 以内，使用吸铁石吸附和不锈钢检测液手段进行检测：弹簧垫片、螺栓、自攻钉等吸附时呈弱磁性，同时使用不锈钢检测液检测，10s 未变色，初步判定为合格；后续使用通电方式继续检查，未见变色，判定为合格，封样保存。

4. 密封胶进场检查

密封胶进场时，对材料生产日期进行检查，必须是在有效期内方可使用。一般密封胶保质期为 12 个月，如接近质保期的密封胶，则不建议施工单位使用。要求尽量选用接近生产日期的密封胶。在密封胶存放过程中，注意防雨、防砸，破损、进水的密封胶禁止用在工程中。检查合格，进行见证取样复试。

（二）埋件安装监理管控要点

1. 首先必须进行尺寸复核，所有埋件点位、楼体轮廓、阳角定位点等必须复核合格。现场采用楼四周水平挂通线、上下挂垂线的方式定位测量。监理工程师对图纸一一复核，测量角部埋件定位，确保外轮廓定位准确；复核外窗两侧的埋件定位尺寸，确保外窗上下定位符合要求，合格后进行下道工序。

2. 埋件固定使用 4 个后扩底型 M12-160 机械锚栓，安装流程如下：

墙面清理→钻孔、清理、验收→安装锚栓→拉拔试验→安装埋件。

3. 安装质量控制要点

墙面基层验收。基层必须清理至结构面，然后剔除松散浮浆，并做界面处理，使用砂浆进行修补，面层平整度误差要求控制在 1mm 范围内，如有胀模情况，需先进行打磨处理。

孔深检测。钻头选用 16 号钻头，长度满足 160mm 的后扩底锚栓，成孔后清理干净，监理进行孔深检测，孔深要求达到 100% 合格。现场使用的慧鱼锚栓，入孔深度必须达到锚栓锚固设计点。

拉拔试验。根据合同要求，锚栓安装后现场拉拔承载力必须达到设计承载力的 1.5 倍以上。监理随机选定不同部位的锚栓做试验，监理、试验室人员、施工单位试验人员现场见证。

埋件安装。现场不得大力敲打锚栓，如出现位置偏差，则重新植锚栓，禁止在偏位锚栓部位强行安装埋板。监理对埋板安装过程进行巡视检查。安装后，立即要求施工单位再次挂通线确定主龙骨中心线位置，检查埋件安装的位置有无较大偏位，无误后方可进行龙骨安装。

（三）转接件、龙骨安装监理管控要点

1. 主龙骨与转接件使用 M12 不锈钢螺栓组安装时，双面加 40mm×40mm×4mm 镀锌方形垫片，垫片与转接件四面平行，螺母端安装弹簧垫片。在此过程中，重点对螺栓外露丝扣进行检查，无外露丝扣的螺栓，在组装时要求立即更换，所有主龙骨在地面组装后必须经验收合格方可上墙安装。

2. L 形转接件在安装时，重点检查 T 形螺栓安装牢固性，T 形螺栓距离埋件锚固凹槽端部不得小于 30mm。方形垫片与抗滑移槽保持平行，圆形垫片与方形垫片紧贴，弹簧垫片无失效、断裂情况，同时使用力矩扳手进行力矩检查（图 4）。

3. 为减少焊接，副龙骨全部使用不锈钢螺栓组通过角码进行组装。所有螺栓孔位置、切口端部做防腐处理。安装前在地面检查，不合格的角码不允许上墙。

（四）防火岩棉板安装监理管控要点

1. 采用 50mm 厚 A 级防火岩棉板，安装时要求上下相邻岩棉板错缝安装。埋件部位采用 100mm 厚 A 级防火保温岩棉板塞实，每平方米岩棉板固定钉不少于 8 个，膨胀锚栓必须锚入结构墙中 50mm 以上，安装后进行拉拔试验。

2. 岩棉板面层满铺一道防水透气膜，使用膨胀钉固定。在检查过程中，重点检查边角部位、搭接部位安装质量，搭接长度不少于 100mm，且要求自上而下，顺水搭接。

（五）铝板安装监理管控要点

1. 本工程铝板安装，主要对平整度进行重点控制。在安装前，要求施工单位在墙面拉钢垂线，并在垂线静止后测量出控制点位置，焊接角钢，将钢垂线拉紧固定，每隔 3.6m 设置一处检查点，确保墙面整体平整度符合要求。

2. 所有铝板角码在安装前均粘贴单面隔离垫片。铝板固定钉必须为 ST4.2 不锈钢自攻钉，要求入龙骨有效受力丝扣不小于 3 扣，禁止使用镀锌钉。在安装后，使用游标卡尺，配合红外线进行铝板拼缝宽度检查，对于宽度不均匀、

图4　转接件连接抗滑移措施

直线度较差的铝板进行微调，确保缝宽一致、上下顺直。在窗口部位C形铝板安装时，监理在检查中根据测量时的编号，逐个核对，避免安装错误。同时，铝板与外窗框四周胶缝宽度、相邻铝板交接缝隙是检查的重点，应确保节点与设计一致。

3. 影响铝板观感最重要的就是安装高低差问题，在安装过程中，要随时检查相邻铝板高低差。经过吊篮厂家培训合格的监理工程师上吊篮使用靠尺、钢尺进行实测实量，对不合格点位进行记录，要求施工单位调整，确保在光照下不出现较大阴影，不影响整体观感。

（六）密封胶施工控制要点

1. 要求施工单位在验收合格的铝板部位先做样板，确认观感满足要求后，对所有打胶工人进行样板实物技术交底，确保后续施工质量。

2. 在施工过程中，要求监理工程师实时上吊篮进行打胶深度、密实度、胶缝接茬观感检查，确保成型后的胶缝顺直、平滑，且外墙不出现渗漏。打胶时，环境温度不得低于5℃。

四、出现的问题及解决方案

（一）锚栓安装遇钢筋，无法植入。通过设计核算，使用高强度砂浆封闭无效孔洞，并在周边选取合适点位再次打孔安装锚栓。在安装埋件时，该部位锚栓上安装与埋件同厚度的100mm×100mm的钢板，在确保防火到位的情况下，钢板与埋件进行角焊缝焊接，焊角高度不低于10mm，长度不低于100mm。

（二）根据设计尺寸，复核后埋件安装点位一半为二次结构墙体。对该部位埋件周围墙体进行局部剔凿，找出结构墙，确定埋件偏移位置，测量时需要注意避开整块铝板安装跨龙骨伸缩的情况。测量尺寸反馈到图纸上，交由设计进行核算，满足要求，现场进行龙骨加工，然后再进行安装。

（三）外窗上口铝板预制出鹰嘴滴水线，所以上口铝板有一定向上坡度；下口窗台铝板做向下排水坡度，均与侧边铝板有一条斜交的胶缝，在收口时因胶缝较大，打胶困难，出现易渗漏情况。

在审核深化设计图纸时，重点审查该部位剖面图纸，要求该部位做BIM深化，详细画出节点，并在现场二层有代表性部位安装一处实物样板。通过对比，提出将侧面铝板均向上下板内伸入20mm，当安装有少量误差时，同样可以有效进行密封胶施工，确保不渗漏。

结语

在旧楼外立面装饰层不拆除直接增加金属幕墙的改造项目中，因质量控制、安全管理难度大，涉及面广，给参建各方带来了不小的挑战。监理工程师在管控过程中，应重点关注墙面剔凿的施工安全，同时对埋件安装位置与设计图纸的一致性进行复核，严格验收外轮廓控制线，确保后续工程施工精确度。通过事先扎实做好准备工作，编制具有针对性的施工方案，监理人员严格把控，作业人员精心施工，本工程得以顺利完成，没有发生质量和安全问题，对后续类似工程有一定的借鉴意义。

蓟门桥站附属结构穿越风险源监理控制要点

张 辉

北京赛瑞斯国际工程咨询有限公司

摘　要：本文介绍了蓟门桥站附属结构穿越风险源监理工作控制要点，以及工程的安全保证措施和现场应急预案，文中的要点与措施有利于监理工作目标的实现。

关键词：注浆；降水；应急处置

一、工程简介

12号线蓟门桥站位于北京市北三环中路与西土城路交叉路口东侧，东西布置于北三环中路下方，车站上方为横跨西土城路的蓟门桥东桥立交桥。昌平南延线蓟门桥站位于北三环中路与西土城路交叉路口，南北布置于西土城路下方。路口西北角为蓟门里小区，路口东北角为国家知识产权局，路口东南角为交通部科学研究院，路口西南角为明光北里小区等。蓟门桥站为12号线与昌平南延线的换乘车站，两线车站采用T形节点换乘，同期实施。

12号线车站为地下3层岛式车站，车站主体长度237.3m，断面宽度23.7m，车站中心里程处轨顶绝对标高为15.796m；昌平南延线车站为地下两层岛式车站，车站主体长度218.8m，断面宽度23.1m，车站中心里程处轨顶绝对标高为22.840m；两线均采用PBA暗挖工法（洞桩法）施工，为双柱三跨拱形断面。车站共设置4组风亭，5个出入口和5个安全口（其中1、2号风亭组，A、B、C出入口，1、2、3号安全口属12号线；3、4号风亭组，D、E出入口，4、5、6号安全口属昌平南延线）。两线车站两端均为矿山法区间。

2号风亭组包括2号活塞风道、新风道和排风道，B出入口及1号无障碍和2号风亭组均位于北京电影制片厂南侧，北侧邻近数栋平房，部分已拆除。其中2号新风道和排风道开挖尺寸12.9m×10.6m，拱顶埋深19.507m，底板埋深29.337m，采用双侧壁导坑法施工；2号活塞风道通道开挖尺寸为11.3m×16.88m，和既有4号竖井横通道结合设置，拱顶埋深12.833m，采用双侧壁导坑法施工；2号安全口通道标准段开挖尺寸为3.5m×4.77m，拱顶埋深约16.743m，采用台阶法施工；B出入口标准段开挖宽度为7.6m，高度变化比较大，施工采用CRD法（交叉中隔壁法）施工，明挖部分最深约14.854m，采用倒挂井壁法施工；1号无障碍通道标准段开挖尺寸3.6m×5.17m，拱顶埋深约为17.79m，采用台阶法施工，竖井井深约25.86m，采用倒挂井壁法施工。

二、工程重难点

（一）风险源与重难点分析

1. 本工程风险源主要有城市主干道风险、桥梁风险、周边管线风险以及建构筑物风险。

2. 根据地勘图纸，施工范围存在两层层间滞水，层间潜水（三）：含水层岩性为粉细砂④3层、卵石－圆砾⑤层及粉细砂⑤2层等，水位标高为36.75~37.64m，水位埋深为11.20~13.90m。层间潜水（四）：含水层岩性为卵石⑦层、中粗砂⑦1层、粉细砂⑦2层、卵石⑨层、粉细砂⑨2层、粉细砂⑩3层、卵石⑩层及粉细砂⑩2层等，该含水层由于粉质黏土⑨3层及粉土⑨4层的存在而具有一定的承压性，水头标高 18.66~20.90m，水头埋深 27.80~31.99m。含水层开挖易坍塌，做好降水、保证作业面无水施工是本工程的重难点之一。

3. 开挖过程中穿越土层较为复杂，分别穿越杂填土层、粉质黏土层、粉细砂层、卵石－圆砾层等，因此粉细砂层开挖，控制流砂、防坍塌是本工程重难点之一。

4. 暗挖段侧穿蓟门桥东地下通道北，地下通道结构形式为装配式闭合框架，基础形式为钢筋混凝土基础，其基础与竖井垂直距离 11.91m，开挖边线与基础水平距离 8.05m。

5. 暗挖方向由车站主体向竖井方向开挖，开挖先破除围护桩，进行马头门施工，再进行暗挖施工，马头门施工是本工程重难点之一。

（二）解决措施

1. 降、排水施工保证措施

1）降水施工方案须经过专家论证，确保降水方案合理可行，降水施工满足开挖要求。

2）降水井井位合理布置，降水井施工各道工序均严格验收，确保降水效果满足开挖要求。

3）降水施工提前进行，并做好降水水位观测，确保水位降至竖井底板下 1m。

4）施工现场应有备用电源及降水设施，以保证降水连续不间断进行。

5）应根据实际情况在竖井内设排水沟、截水沟并及时将井内的残留水抽出，竖井内不得积水。

6）竖井周边设置阻、排水设施，防止雨水及施工污水流入竖井。对渗透系数差异较大的土层、砂层，施工期间要密切注意流砂、流土或管涌等不良现象。

2. 控制流砂、防坍塌控制措施

1）施工应遵循“管超前、严注浆、短开挖、强支护、快封闭、勤量测”的原则，坚持先护后挖的原则。

2）采用超前小导管注浆超前加固结构土体，如果注浆效果达不到设计要求，可采用小导管补充注浆。

3）对开挖竖井施工面进行动态监测，判断其稳定性并超前预报前方地质情况，用以指导施工。发现前方有水囊，应立即停止施工并封闭竖井施工面及时上报，确定解决措施后方可继续施工。

4）严控格栅步距，缩短开挖时间，实现“快封闭”的方针，减小开挖风险。

3. 周边管线、道路保护措施

1）严格按照设计施工步序进行施工，在开挖的过程当中，始终对竖井施工面超前探测，施工遵循“管超前、严注浆、短开挖、强支护、快封闭、勤量测”的原则，坚持先护后挖。

2）施工前应对管线渗漏情况进行检查、探测，发现问题及时处理，必要时实施铺衬、导流等防渗漏措施。

3）遇到较差地层、较长时间的停工或工序转换时，为了保证工作面的稳定，及时喷射混凝土封闭作业面。

4）合理安排工序，开挖后及时进行格栅架设，尽快封闭。

5）施工前探明雨水管线渗漏情况，并对管线渗漏形成的水囊或空洞进行地面注浆处理。

6）及时进行初支背后注浆，严格控制注浆压力，必要时进行多次补浆。

7）采用锁脚锚管注浆超前加固结构顶部土体，如果注浆效果达不到设计要求，可采用小导管补充注浆。

8）加强监控量测，采用双控指标（速度和累计总控制值）控制管线、道路的沉降，尤其是管线接点、阀井的倾斜都是监测重点，做到信息化施工。

4. 马头门措施

1）洞门采用深孔注浆加固，加固范围为拱部开挖线外扩 1.5m，内扩 0.5m，注浆加固长度 10m，开挖 8m。

2）马头门破除线沿风道洞门轮廓线设置，破除围护桩，破除开挖进洞后立即架立洞门前三榀拱架。

3）前三榀钢格栅要并排架立，根据设计标高及中线控制拱架位置，拱架位置调好后打设锁脚锚管铺设网片并安装连接筋。网片采用 ϕ6.0 钢筋网，内外双层布置，网格间距 150mm×150mm；纵向连接筋采用 ϕ22 钢筋，环向间距 1000mm，内外双层布设（单面焊接），将洞顶沉降量测预埋件焊接固定在钢格栅上后，喷射混凝土封闭钢格栅。

4）格栅架设完成后及时喷射 C25 混凝土。

三、监理工作控制要点

（一）地质勘查资料控制

施工前，必须具备完备的地质勘查资料，掌握工程附近管线、建筑物、构筑物和其他公共设施的构造情况，必要时要求业主委托施工勘察和调查以确保工程质量及邻近建筑的安全。

当施工中发生异常情况时，要求勘察设计单位积极进行施工勘察，查明原因，为调整、变更设计方案提供岩土工程设计参数，并提供技术措施。

监理工作控制目标：地质勘察资料满足作业需要。

（二）施工承包单位资质控制

施工单位必须具备相应专业资质，并应建立完善的质量管理体系和质量检验制度。从事检测及见证试验的单位，必须具备省级以上（含省、自治区、直辖市）

建设行政主管部门颁发的资质证书和计量行政主管部门颁发的计量认证合格证书。

监理工作控制目标：选择资质符合要求，有经验、有实力的分包单位。

（三）施工组方案审查

暗挖施工属于超过一定规模危险性较大的分部工程，施工单位应在施工前编制专项施工方案，并由施工单位技术负责人审核签字、加盖单位公章，并由总监理工程师审查签字、加盖执业印章，施工单位组织专家论证，通过后方可按论证方案施工，否则，应修改或重新编制，重新履行上述审核程序。

监理工作控制目标：有一个科学严谨的，符合实际条件的施工方案。

（四）查验施工测量放线成果

为保证整个建筑工程的质量和安全，需要严格控制施工测量放线方案及复核成果，使之符合规范要求。

专业监理工程师应事前检查承包单位的专职测量人员的资质证书及测量设备检定证书的有效性，并对其测量体系及业务水平进行摸底，确保符合本工程需求；在开挖施工前应完成地面控制网的复测并联系测量工作，监理部应对测量过程是否规范进行检查，对测量成果进行复核，最终经第三方测量单位检测，出示合格报告方可使用。

监理工作控制目标：施工测量放线方案及复核成果符合相关规范标准的要求。

（五）人、机、料控制

1. 人员配置及资质审查

监理部应审查施工人员配置是否满足两个班组交替作业，特种作业人员必须持证上岗。

2. 机械设备验收

监理部对进场机械设备进场验收，施工单位应依据《危险性较大的分部分项工程安全管理规定》（建设部令第37号）（建办质〔2018〕31号）及《北京市房屋建筑和市政基础设施工程危险性较大的分部分项工程安全管理实施细则》（京建法〔2019〕11号）要求，对起重量300kN或以上起重设备安装和拆卸须编制专项方案，并经专家论证通过后方可实施。

3. 材料验收

监理部秉承“质量第一”原则，对盾构施工使用的材料严把验收关，禁止使用未经验收或验收不合格材料。

四、安全保证措施

（一）施工人员应戴安全帽，并根据所从事的工作穿戴相应的个人防护用品。设专人负责各种设备和施工过程中的安全隐患排查工作。

（二）地质钻机、注浆机等应由持有上岗证的专职人员进行操作。

（三）配制浆液时，应穿戴合格有效的防护用品，非专业配浆人员不得动用各种机具。

（四）各种设备、设施应通过安全检验且性能检验合格后方可使用。

（五）打管和注浆时，应注意调查地下管线和地下构筑物，采取有效的保护措施，若发现前方有异物，查明情况制定措施后方可继续施工。

五、应急预案措施

对工程进行风险分析，掌握施工中可能出现的风险情况，例如塌方、火灾、高处坠落等，制定相应的应急预案。发生事故后的应急响应措施如下。

（一）发生事故后，应第一时间组织现场施工人员撤离施工现场，组织人员抢救。

（二）第一到达现场的任何一位负责人应承担指挥责任或立即向值班领导或相关部门报告，使相应人力、物力等资源在第一时间配送到事故现场。

（三）同时，项目部应备足有效的支撑及堵水物资，以控制事态的进一步扩展；及时上报上级单位。

（四）对需要加固的物体及结构立即组织抢险人员进行加固，必要时向上级部门及地方请求支援。

（五）对需要断电的地方立即启动应急电源，并要求每个抢险人员进行必要的个人防护。

（六）抢险人员严格按应急预案要求的人员分工及措施进行抢救，抢救指挥及安排和责任均由小组负责人负责。

（七）所有应急材料均无条件服从抢险使用，同时抢险小组有权随时使用其需要的各种材料。

（八）所有应急材料及抢险人员的安排及调配均由抢险小组现场最高责任人、指挥人员进行安排及调配。

结语

希望通过对穿越风险源监理工作要点的介绍，可以更加完善监理人员在暗挖工程中穿越风险源的监理控制工作，提高履行监理合同的效率，降低管理的风险。

参考文献

[1] 地下铁道工程施工质量验收标准：GB/T 50299—2018[S]. 北京：中国建筑工业出版社，2018.

[2]《危险性较大的分部分项工程安全管理规定》（住建部〔2018〕37号令）。

[3]《市政基础设施工程暗挖施工安全技术规程》DB11/T 1944—2021。

民用机场高填方工程监理质量控制

李渊博
成都衡泰工程管理有限责任公司

摘　要：高填方是民用机场建设工程中最为重要的工程之一，高填方工程直接决定了地基的稳定性和耐久性。在施工过程中，监理人员应高度重视高填方工程质量，否则将带来严重质量隐患，并很难补救。为此，本文详细阐述了高填方工程施工质量监理控制要点，总结了一套成熟的监理经验及施工工艺，使民用机场高填方工程质量得到有效控制。

关键词：高填方工程；监理；施工工艺；质量控制

引言

随着国家经济建设的不断发展，建筑用地日益增加，土地资源日趋匮乏，建设用地问题变得尤为突出，机场选址一般位于郊外，占地广、地形复杂，高填方工程较为常见。

机场高填方工程的施工质量要求高，填筑工程量极大，施工过程中，对填筑标高的控制、工作面搭接的处理、填筑材料的控制、压实度检测和干密度检测等要求严格。因此，为消除施工过程中影响填筑体的不利因素及质量事故隐患，本文主要针对质量预控、施工工艺、施工质量过程控制进行分析与讨论。

一、工程概述

在建项目（中国商飞民机示范产业园一期项目）位于成都市双流区大件路与机场东跑道之间，项目用地北侧为大件路，南侧为规划的公务机用地，西侧为规划广牧路，东侧为机场东跑道，牧马山灌区从项目用地南部穿过。项目总用地面积约为570亩，高填方区域面积约6.7万m^2，场地现状主要为农田、耕地，地形起伏不大，平均高程约490.5m，相邻的双流机场滑行道道面标高约498.8m（局部499.1m），高填方工程规划与双流机场滑行道平滑顺接，填筑体将作为飞机滑行道使用。

高填方填筑流程如下：

1. 清除现状杂物及有机质并外运消纳，清除平均厚度0.3m，场地现状平均标高约490.5m。

2. 现状为沟、塘、坑的区域，采用天然级配砂石分层回填、碾压至490.5m。

3. 对整个场地清表后采用不小于20t的振动压实机械碾压，纵横向各不少于三遍。

4. 对整个场地清表压实后铺设35cm天然级配砂石，然后采用20t的压实机械振动碾压处理，纵向和横向碾压各三遍。

5. 填筑第一步：铺设一层黏性土，振动碾压处理，压实后厚度30cm。

6. 填筑第二步：再铺设一层黏性土，振动碾压处理，压实后厚度30cm。

7. 填筑第三步：继续铺设一层天然级配砂石，振动碾压处理，压实后厚度30cm。

8. 重复步骤5~7至道基面标高−0.6m。

9. 分两层填筑二八灰土，振动碾压处理，压实后厚度60cm（图1）。

本工程需完成填筑体和填筑边坡的施工，填筑量大，土源材料保持均匀性控制困难，场地含农田、水沟、软弱层，施工过程中容易受到不同因素的影响；同时，与原机场作交接面处理时易造成机场运行期道面损坏。填筑体主要用于机场飞机的滑行，对其施工要求非常高，施工质量控制难度大。

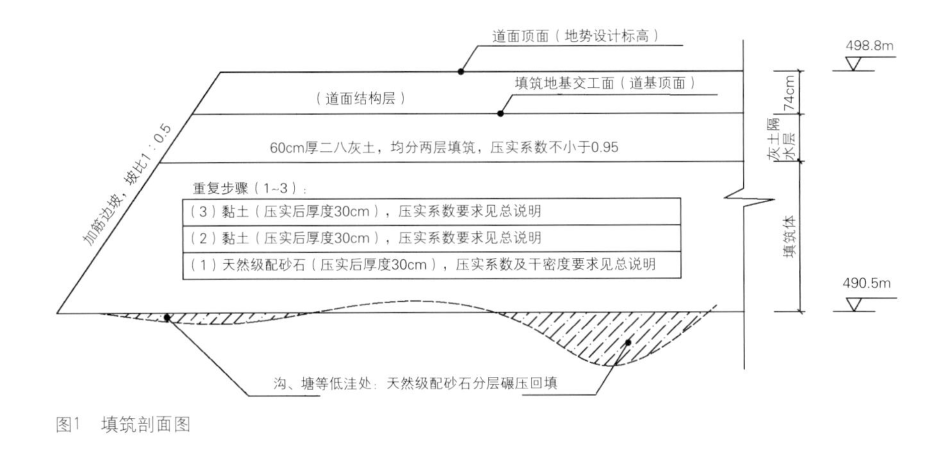

图1　填筑剖面图

二、高填方工程施工存在的普遍性问题

在实际施工中，人们往往觉得高填方不是实体工程，所以质量控制意识不强，没有进行规范操作和有效监管，导致很容易出现质量事故。

（一）场外机械取土时往往是整体开挖，土源难以保障；没有全面了解场地地质情况，只是粗略规定回填土压实系数，没有根据实验确定土的压实度、干密度、含水率、最优含水量等，没有对回填土进行膨胀性鉴别就进行施工，导致压实后形成橡皮土。

（二）对回填土的材料质量没有正确的认识，随便使用预制土、垃圾土，或者含有草根、碎石等的土料。

（三）在压实之后还未及时进行质量检验，就继续施工上层。

（四）在暴雨、暴晒后未对压实后的土层进行处理，就进行下道工序的施工。

三、施工质量预控

（一）在审核施工进度计划的时候，应要求尽量避免在雨季进行施工，同时给回填土分项工程留出一定的时间余量，以免土方含水率偏高或者遇上雨天时影响工程进度，结果为了赶工期而影响施工质量。

（二）审核施工方案合理性、经济性等，尽量控制挖填量，以确保质量及工期。施工中按要求放线，少挖一寸土就可以少填一寸土，这样能降低费用，而且保持原土不受扰动，更有利于保障施工进度、安全、质量和成本。

（三）雨期施工时，在回填过程中要求施工方考虑找坡，避免形成积水，如无法排除，应采用人工抽排，避免回填土长期被水浸泡；下道工序回填之前，应再次进行含水率、压实度检测，符合要求后再进行回填施工。

（四）回填时，严格把控好土料质量，并严格控制土的含水量，加强施工前的检验，应使施工土料含水量接近最优含水量，黏性土料施工含水量与最优含水量之差控制在 ±2%。

四、施工工艺

高填方工程的工艺流程如下：

施工准备→草皮土清除及基底处理（清表）→边坡施工→铺土、耙平→夯打密实→检验密实度→沉降观测→修整、找平、验收→下层工序施工。

（一）回填前要及时清理基坑（槽）底的垃圾、杂物、积水等，确保干净整洁。

（二）认真检查回填土中有没有塑料、树枝等杂物，并且拣干净。核对回填土粒径是否满足设计要求，回填土的含水量是否符合设计和规范规定，偏高则翻晒打松或均匀掺入干土，偏低则预先洒水湿润。

（三）回填土应分层摊铺，而且根据土质、机具性能、密实度要求等确定摊铺厚度。

（四）根据试验段确定压实遍数，采用 20t 压路机，每层压实遍数为纵横向各 3~4 次，应一夯压半夯，夯夯相接，行行相连，纵横交错，做到分层填筑，分层夯实，不能有漏夯现象。

（五）夯实每层填土之后，都要进行环刀取样试验，测出土的干密度、压实度满足设计要求之后再继续上一层的填夯。

（六）填土全部完成后，就要进行表面拉线找平，如果不符合标准高程，就必须相应铲平或者补土夯实。

五、施工过程控制要点

（一）施工准备

1. 施工前调查：本着保护环境、因地制宜的原则，要充分利用好当地现有的填料。大面积的回填施工需要大量的回填材料，料场往往会很大或很多。因此，同一料场或不同料场的填料，其性能都有可能存在很大的区别。为了便于施工期间的统筹安排和调度，在施工前期应对所有料场进行充分的调查了解。根据料场填料的岩土性能进行分类，并对每一类填料的方量进行计算，选用适用于本项目的填筑材料。

2. 测试：填料用于场地施工前应进行土工试验，确定压实参数（含水量、最优含水量、最大干密度等）和土的膨胀性鉴别（自由膨胀率、膨胀力等），全面掌握各种填料的物理力学性能。

3. 调度：大面积压实填土地基在后期使用过程中会存在不同的功能区，不同的功能区对地基的要求也会不一样。在充分了解设计意图的情况下，根据各功能区对压实地基的不同要求选取合理的填料进行回填施工，这样既能保证压实地基满足设计要求，又能达到节约资源、就近取材的目的。

4. 试验性施工：本工程采用分层碾压法施工，过程质量控制是回填土工程质量保证的核心关键。在实质性回填施工之前，针对不同的填料根据压实机械、填料性质、设计要求等因素进行小区域试验性施工，确定碾压的实施参数（虚铺厚度、碾压方式、碾压遍数）和土源的含水量控制，为施工单位技术人员提供现场质量控制的初步标准；试验性施工大大提高了该道工序结束后检测验收的合格率，对节约施工成本、提高施工效率起到了极大的作用。

（二）清表

清表之前，应查明场地内地质、地形情况，当施工场地地势平坦且无临空面时，压实地基回填之前，应查明场地内覆盖层（植被层）、软弱层、建筑垃圾等，将该土层清除干净后再进行碾压。当场地内存在低洼区域、水沟，应清淤后排水晾干或进行换填处理。如施工难度较大，未能达到较好效果，可将淤泥清除后抛填一层大块石，采用大型机械进行振动压实处理。若场地内软弱区域较大较深，可采用水泥土搅拌桩进行地基加固处理后进行回填，同时应配合检测数据，以确定地基承载力是否符合要求。

（三）回填材料控制

1. 本次填筑主要材料为黏性土和天然级配砂石，其坡脚和坡顶面为二八灰土。

2. 天然级配砂石：现场采用成都连砂石，要求含石量不小于 70%，有机质土含量不大于 5%，最大粒径不大于 10cm，压实后厚度 30cm。

3. 黏性土：要求应用于场地施工前进行土工试验，确定压实参数和土的膨胀性鉴别，黏性土若有膨胀性须经改良后方可使用，填料土工参数应做成隐蔽工程验收资料。对填筑边坡和填筑体质量要求如下。

1）填筑顶面为两层二八灰土，振动碾压处理，压实后厚度不小于 60cm，压实系数不小于 0.95。

2）灰土体积配合比 2 ∶ 8，石灰必须用保存期不大于 3 个月的新鲜消石灰，最大粒径不大于 5mm，有效 CaO+MgO 的含量不得低于 60%；土料采用黏性土，最大粒径不大于 15mm。

3）黏性土：有机质含量不大于 5%，含水量控制在最优含水量 ±2%，新开挖黏土应进行现场堆放晾晒且黏土块最大粒径不大于 5cm，压实后厚度 30cm。

（四）虚铺厚度控制

虚铺厚度的控制在压实地基施工过程中非常重要。当压实设备和压实方法不变，回填虚铺厚度超过设计值时，则压实填土的施工质量将会不满足设计要求。在实际操作过程中，可采用在回填区适当位置设置标尺（标杆）的方式进行控制。该方法简单、直观且便于各方了解回填施工的进度，在多个项目中得到了较好的应用。

（五）区域间搭接处理

1. 高填方工程中，填筑范围通常分为多个工作面施工，各个工作面起始填筑标高不一或填筑速度不同，带来的工作面搭接问题是施工中质量控制的重点。

在施工过程中，填筑体均匀一致是确保协调变形的关键，施工划分作业面时，应避开工程的主要部位。划分作业面施工时，先填筑一侧的工作面应按 1 ∶ 2 坡度预留台阶便于填筑的一侧搭接，相邻工作面高差不宜大于施工时的一个填筑层厚度，不同填筑层的搭接面应错开。同时督促施工单位相关技术人员应重点关注各区域边界地带的错开搭接处理，并适当增加压实遍数。

2. 填筑体与原地基坡面的交接处是经常导致高填方机场道面出现问题的薄弱环节，为了避免压实填土沿着坡面产生滑动，压实地基回填之前，在清除表面覆盖层的同时，应将坡面挖出若干台阶，防止压实填土产生滑动，达到良好的连接和过渡作用，从设计顶面以下 0~3m 台阶坡比不大于 1 ∶ 8，3~8m 台阶坡比不大于 1 ∶ 2，8m 以下台阶坡比不大于 1 ∶ 1。本工程场地台阶宽度受限制时，将坡面进行锚杆施工加强处理，将填筑体进行加筋处理以完成有效的搭接（图 2）。

（六）填筑体分层沉降观测

分层沉降监测是针对不同深度、层位的土体进行沉降监测，在填筑体顶面进行沉降观测的同时，在填方区域布置分层沉降监测点，旨在测量填筑体各土层的沉降量和分析沉降趋势，本工程共计埋设四个分层沉降监测点，分层沉降监测由沉降仪、磁环、沉降管等组成。在原地基表面、填筑高度 4m 处、填筑完成面各布设一个磁环，同时兼顾土层变化区设置一个磁环。分层沉降设置明显标志，涂刷油漆，采用压路机进行压实，过程中在分层沉降观测点周边进行人工夯实（图3）。

沉降仪的电缆上有刻度，测量时一同放在沉降管内，用以提供深度信息，沉降仪线缆长度一般为50~100m，其温度变形值较小，因此测量数据较为精确可靠。

每次观测时，用水准仪测出孔口高程，再将电磁式测头放入孔内，当测头遇到沉降环时，指示灯亮并且蜂鸣器发出声响，即可读出孔口至测点距离，依次自上而下逐点测定从沉降环至管口的距离，换算出相应各测点之高程，计算得出各测点的沉降量。每次观测均应对

图2　与原交接面的处理

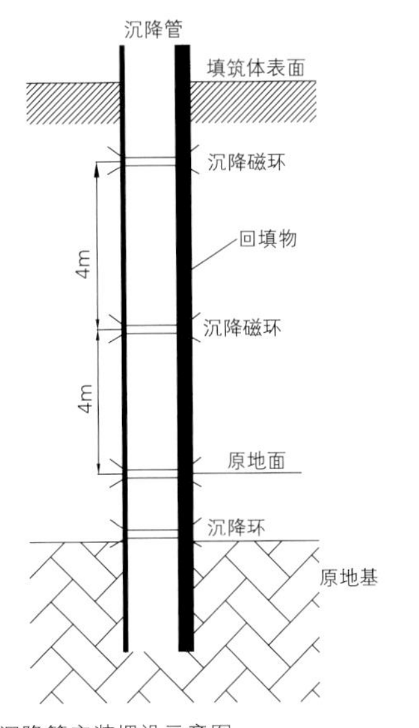

图3　沉降管安装埋设示意图

准管口固定位置进行读数。由于沉降磁环具有一定厚度，因此对于每一个测点进尺和回尺读数都有一定误差，应取两个读数的平均值计算高程，进尺、回尺读数都要以蜂鸣器开始发出声响的瞬间为准，这样就能得到不同深度在不同时期土体的压缩量，其精度为mm。

监测时间与周期：开始监测的前三天，每天监测一次；半个月内，每三天监测一次；一个半月内，每周监测一次；一个半月后，每半个月监测一次；当监测数据变化较大时，应缩短观测周期；降雨后应尽快进行监测并适当增加监测频次。实际分层沉降观测成果：采集初始值后，将测量值与初始值进行对比分析，满足设计要求。

六、加强施工过程管理

（一）当前，填土工程质量不被重视已成为普遍性问题，需要进行综合管理，加强施工过程管理，做好施工质量预控。

（二）规范施工工序，严格按照设计标准和规范要求进行填土夯实，回填土料、基底处理、分层夯实等都必须符合规范标准，并且按照要求认真、严格检查，一旦发现问题及时纠正解决。

（三）工程技术人员清楚了解各个环节的施工要点，随时指导工人作业，管理人员做好现场质量管理，严把材料关、质量关、验收关。

（四）含水量大于最优含水量时，应采用翻松、晾晒、风干等方法降低含水量，或采取换土回填，或均匀拌入干土，或采用其他方法来降低。

（五）土源含水量过低或压实后遇暴晒起皮开裂时，应洒水湿润，进行夯实。

（六）施工时应严格控制每层铺土厚度、压（夯）实遍数、压（夯）实路线。

（七）对压实度检测点进行分区编号，加强对土料、含水量、施工操作和回填土干密度的现场检验，按规定取样，严格每道工序的质量控制。

（八）认真做好监理控制记录，包括分层沉降观测、地基隐蔽验收记录、回填土的试验报告等，确保责任明确，施工过程有据可依，有案可查。

结语

高填方工程属于隐蔽工程，填筑过程中的高质量控制是保证回填土工程质量的核心关键；施工前监理必须熟悉设计及规范要求，增强监理人员质量意识，编制详细监理实施细则，内部进行详细交底，做好对回填土施工质量的事前预控；督促施工单位严格按照设计要求和操作规范进行填土夯实，加强施工过程管理，把控施工过程中质量控制要点；规范施工工艺，加强施工质量检验检测，为后续施工打下坚实的基础。

参考文献

[1]《民用机场岩土工程设计规范》MH/T 5027—2013。
[2] 民用机场高填方工程技术规范：MH/T 5035—2017[S]. 北京：中国民航出版社.
[3] 中国商用飞机有限责任公司四川分公司民机示范产业园一期场地填筑岩土工程专项设计施工图。

炼铁高炉模块化大修炉体置换施工监理实践

李绍龙
山西震益工程建设监理有限公司

摘 要：高炉炼铁是中国主要使用的炼铁工艺，作为炼铁的主要设备，在生产过程中高炉炉衬和冷却壁等承受高热冲击，机械产生磨损，当出现炉衬侵蚀严重等现象时，表明炉役结束，需要进行高炉大修。近年来，对于国内大型高炉大修工程，模块化、快速化大修方案被广泛采用。本文以山西某钢铁厂4350m^{3}大型高炉大修工程为例，介绍高炉模块化、快速化大修炉体置换施工技术，总结监理控制要点及技术成功应用的成效，为类似高炉大修工程的监理工作提供参考。

关键词：炼铁高炉；模块化大修；炉体置换；模块车；滑移；液压提升；监理

一、工程概况

山西某钢铁厂5号高炉炉容4350m^3，于2006年建成投产，已服役近13年，由于第一代炉龄长，高炉运行成本高，各项经济指标下降，于2020年进行大修改造。大修采用不放残铁、快速化、模块化施工方式，大修的主要内容为炉体更换。

旧炉体进行切割分离拆除，采用停炉前安装的液压提升装置提升下放各段旧炉体，使用滑移设备将各大段旧炉体通过滑移轨道整段运至模块车对接位置，然后通过滑移设备及模块车组整体卸车至旧炉体放置区，最后分块解体拆除。

高炉停炉前完成新炉体离线组装，并集成一部分冷却设备、联络管道、耐材，高炉停炉并完成旧炉体拆除外运后，采用模块车组及滑移设备将各大段新炉体整段运输，滑移至高炉厂房内，利用安装的液压装置提升，使新炉壳整体安装就位。最终完成炉体置换。

二、高炉模块化大修炉体置换技术研究

（一）高炉模块化大修工程的技术难点

炉体置换工程的规模较大、结构较复杂、技术难度大，施工现场狭窄，施工组织困难，安全风险高，具体如下。

1. 旧炉体不放残铁，包含2000t残铁的旧炉缸总重量约为6500t，炉体滑移重量较大，需着重考虑滑移设备布置及受力荷载分布等特殊因素，合理布置滑道。

2. 施工场地狭小，高炉周边既有建筑物较多，部分道路因生产需要不得占用，新炉壳组装区域离滑道较远，需考虑模块车行驶距离及旋转半径，合理规划模块车行驶轨迹。

3. 停炉前高炉本体上部炉壳出现不同程度损坏，炉体框架区域煤气超标，存在重大安全隐患，影响停炉前高炉框架加固作业，只能在高炉短期休风期间突击施工。

4. 高炉停炉后除炉体置换工程外，出铁场平台拆除改造、各层平台管道拆除改造工程同步进行，多工种、多作业面交叉多，安全管控难度大。

（二）炉体置换施工工序

炉体置换前需要拆除炉体滑移行走区域的原有构筑物，包括部分高炉厂房山墙、部分+10m出铁场平台、出铁场

平台 +8m 一层大梁，其中一层大梁将在炉体置换完成后回装。还需要完成炉底滑移梁安装、滑轨铺设及滑靴设备的安装和炉顶提升梁设置及液压提升器的安装。

旧炉壳分三段切割拆除。拆除流程：旧下段→旧中段→旧上段。旧炉壳上段、中段分别利用液压提升装置提升下放。旧炉壳上段提升吊梁位于 +44.3m 平台；旧炉壳上段吊点顶面标高为 +39.45m。旧炉壳下段拆除前在炉壳基础开推移隧道孔，在基础位置的隧道内架设千斤顶，顶起 50~100mm，顶起后沿着滑道方向利用滑靴设备将旧下段滑移至指定位置后由模块车转运。

新炉壳分三段安装。安装流程：新上段→新中段→新下段。新炉壳三段均离线组装完成后由模块车运输至炉前对接位置，利用滑靴及滑槽将炉壳分段滑移进安装位置后采用液压提升将各段安装到位，并完成最终焊接组装。

炉体置换完成后将外放的一层大梁滑移就位，完成回装（图 1）。

三、主要施工设备选型

（一）模块车

模块车选用欧洲索埃勒第五代系列模块车组，单轴承载力 35t，为避免爆胎风险选用实心橡胶轮胎车组。运输一层梁，新旧炉体上、中段时采用 4×18=72 轴编组方式，运输新炉体下段时采用 6×12=72 轴编组方式。两种编组方式承载力均满足构件运输要求。

（二）滑靴

滑靴设施采用 1200t 液压全自动式自行行走式滑移装备，单体额定竖向推力 600t，水平推力 140t。滑移旧炉体下段采用 12 套滑靴装置及 6 套推拉器编组，滑移新炉体下段采用 9 套滑靴装置及 6 套推拉器编组，滑移新旧炉体上、中段及一层梁采用 6 套滑靴装置及 3 套推拉器编组，每组编组方式承载力及水平推力均满足构件运输要求。

（三）液压提升器

液压提升器采用 TJJ-5000 型，额定提升力 5150kN，可穿钢绞线直径 18mm，最多可穿钢绞线 36 根，搭配地锚尺寸为 ϕ600×250。共使用 12 台提升器，每台提升器穿 30 根直径 ϕ17.88mm 的承重钢绞线，钢绞线末端安装地锚；如此配置可提高设施提升力满足构件提升要求。

四、炉体置换施工监理

（一）成立联合控制组

联合监理方、施工方、设计方、业主方成立联合控制组，研究炉体置换施工方案，熟悉各设备设施，根据方案找出炉体置换过程中的质量控制点加以管控，研究在滑移、提升炉壳过程中可能出现的问题及隐患，制定相应的预防措施及处理预案。

（二）参与方案比选

关于液压提升器穿钢绞线数量有两个方案，分别为穿 36 根与穿 30 根。

根据《重型结构和设备整体提升技术规范》GB 51162—2016 中 6.2.5 条规定，承重钢绞线的安全系数取 2.0。在提升和下降新旧炉壳中上段最大工况 2950t 情况下，单台提升器穿 30 根钢绞线，单根钢绞线公称横截面积 191mm^3，单根钢绞线公称抗拉强度 1720MPa，30 根钢绞线拉应力计算为 601MPa，钢绞线安全系数 K=1720/601=2.9 > 2.0。

经过反复核算，确认采用 12 台液压提升器每台均配置 30 根钢绞线方案满足实际工况，符合相关规范要求，并有一定经济性。

（三）审查炉体置换施工方案

项目开工前要求施工单位按照程序完成炉体置换工程专项施工方案、单项安全措施报验审批。本次炉体置换属于超危大工程，要求施工方按规定组织专家论证，并根据专家意见对方案进行调整细化，制定相应措施。严格监督施工单位完成专家论证并按照报审通过的专项施工方案进行施工。要求施工单位选择技术实力雄厚，有同类项目工作经验的专业队伍实施模块车操作、滑靴控制与液压提升器控制等工作。

（四）编制监理工作文件

完成炉体置换专项施工方案审批后，结合施工方案、监理规划、相关设计文件编制监理实施细则。明确监理工

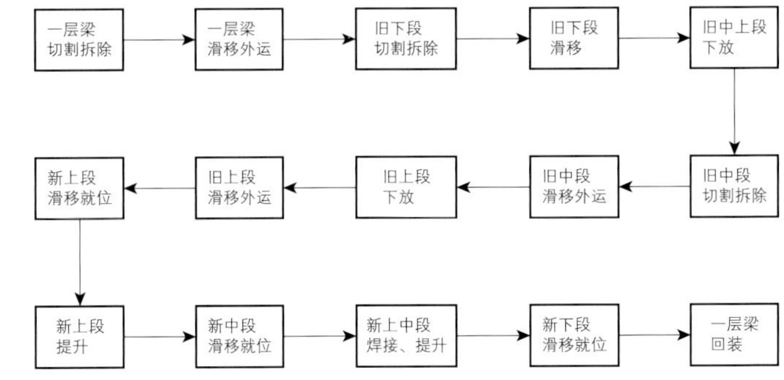

图1　炉体置换工程工艺流程图

作流程，质量、安全控制要点，监理工作方法与措施。组织培训监理人员，进行技术交底，学习炉体置换工程相关施工工艺与监理要点，分派监理任务，在各个作业面开展监理工作。

（五）检查施工条件

炉体置换工程施工并非直接开展，高炉停炉前有一系列前置工作需要完成，故在炉体置换前需要逐项检查相关前置工程是否完成，是否具备炉体置换施工条件。

1. 检查钢结构措施。确认新炉壳吊装环梁、旧炉壳吊点完成焊接，吊点上下加劲板完成焊接；确认一层梁托架，旧炉体卸车台架完成焊接，螺栓紧固；确认高炉框架加固焊接完成；确认炉底滑移梁安装就位，螺栓紧固；确认炉顶提升梁安装就位，完成焊接及高强螺栓紧固。相关材料、构件均应完成复检，有正式检测报告，焊接焊缝均应按规完成超声波探伤检测并有焊接合格报告。

2. 检查滑移、提升设备。确认滑移、提升设备安装完成；滑移导轨铺设就位；滑靴配置与提升器、钢绞线配置符合方案要求；确认提升器导向架焊接牢固，导出方向指向炉中心，钢绞线自炉体上段顶部进入炉体；确认钢绞线末端地锚锁紧，地锚装入吊点后应留存间隙，不能影响地锚转动；确认滑靴与提升器液压管路连接正常，油压正常，油泵正常工作；确认控制系统安装调试正常。

3. 检查检测设备。确认高炉炉体应力监测设备、滑移梁应力监测设备、提升梁应力监测设备正常运行，并做好保护措施，损坏脱落及时修复。

4. 检查安全措施。确认前期拆除工作完成，新旧炉体行进过程中与既有建筑物无干涉；确认围挡、栏杆等安全措施安装就位；确认安全、消防应急物资准备就绪；确认相关特种作业人员均持证上岗。

（六）炉体置换过程控制

1. 炉体滑移

1）模块车。检查确认模块车运行前后及负载行走过程中工况，监测模块车行走及旋转过程中是否与周边建筑物干涉、碰撞，发现异常，立即暂停移动。

2）滑靴。检查确认液压设备运行状况是否良好，滑道应保持水平顺直，各段滑槽接口卡扣应锁闭就位。滑移梁与运输梁接口部位下设置垫板，防止滑移过程中模块车组突然受载导致头部降低。

2. 炉体提升

1）提升装置。检查确认提升装置液压设备运行状况是否良好；检查提升装置地锚有无变形；检查上下吊点中心投影是否重合，地锚压板固定是否良好，有无变形，发现异常，立即暂停提升。

2）钢绞线。确保钢绞线外观平整、圆滑，不松股，无弯折、错位、焊疤，提升及承载过程中保证高炉其他区域切割、焊接施工所产生的火花不朝钢绞线方向溅射，以免造成钢绞线损伤，确保钢绞线与提升器及地锚均紧固锁定。

3）姿态调整，吊点同步。应保证各个吊点均匀受载，保证提升（下降）结构的空中稳定，以便结构能正确就位，同时要求各个吊点在上升或下降过程中能够保持同步。

4）分级加载。初始提升时，各吊点提升器伸缸压力应逐分级增加，最初加压为所需压力的40%、60%、80%、90%，在一切都稳定的情况下，可加到100%。载荷加载完毕后，暂停或持续一段时间。全面观察各设备运行及构件的正常情况，确认一切正常后再开始后续施工。

3. 炉体焊接

1）焊接准备。炉体焊接前完成定位片安装，确保上下炉体对正。打磨坡口，清理焊缝周边油污、铁锈、油漆等杂物，露出金属光泽。

2）焊前预热。安装电加热片预热，由控温仪通过热电偶自动控温。预热温度达120℃。预热过程中加热片应贴炉壳外侧，加热片外覆盖保温棉。

3）炉体焊接。定位焊焊接及打底层焊接采用手工电弧焊焊接，要求焊接人员均匀分布圆周，对称施焊。

填充焊机盖面焊采用 CO_2 气体保护焊焊接方式，焊接人员均匀分布圆周，同时对称分段焊接，但表面层采用直通焊，自左向右同方向连续施焊，要求多道焊缝接头错开50mm以上。要求严格按照焊接工艺文件中规定的焊接方法、焊接参数、施焊顺序进行焊接。

4）焊后消氢。利用预热设备进行消氢处理，横缝焊接完成后，立即升温到250℃，恒温2.5h，然后缓冷。

5）探伤检测。完成焊接，具备检测条件后，立即进行超声波无损探伤检测，确保焊缝无外观缺陷及内部缺陷，如发现问题，立即进行处理。

4. 数据监控

1）应力监测。监控高炉炉体应力监测设备、滑移梁应力监测设备、提升梁应力监测设备在滑移、提升过程中同步反馈的数据，查看应力变动趋势是否与预期一致，确认是否正常。真实、认真地做好监测记录，并由相关人员签字认可。

2）设备监测。滑移、提升设备运行过程中，监控设备控制台及各个液压表位，确认设备均匀受载，运行正常。

3）测量定位监测。架设仪器，监测预先设置的测量控制点，确保提升过程中炉体稳定，吊点高度同步，炉体中心线与高炉基础中心线重合，偏差控制在允许范围内。

（七）组织召开总结分析会处理异常情况

每完成一次滑移、提升工序后，均召开总结分析会，通报情况，查找并解决问题，优化控制措施，提升监理与施工成效。

在旧炉体中段滑移外运过程中，发生炉体与出铁场平台干涉问题，原因为出铁厂平台拆除后边缘未清理干净，一钢筋头遗留钩挂炉壳，发现问题后及时切断钢筋，炉体顺利移出。

为避免类似问题再次发生，对施工场地再次进行清理，复测，核对炉壳尺寸。发现出铁场平台最窄区域可满足新炉体滑移入内，但新炉体在离线安装过程中已集成部分冷却水联络管，最终直径大于炉体直径300mm，与出铁场平台存在干涉。联合控制组在召开现场会后指令切除被干涉联络管，待炉壳就位后再行安装。

从整体上看，各段滑移、提升均正常顺利。

五、安全管控

（一）天气监测。及时与气象部门联系，掌握未来天气状况，选择最佳施工时段，施工过程中遇异常天气则立即停止。

（二）通道管控。在模块车行走区段、滑移区段、提升区段设置警戒线与防护栏杆，要求无关人员不得入内，确保设备平稳运行。

（三）交叉作业管控。炉壳拆除后，各层平台所留缺口及时封闭，设置栏杆与安全网，并安排专人值守监护，防止人员与物品坠落。合理安排各层与炉底施工人员施工时间，避免切割焊接产生的火花伤害炉底人员。

（四）用电、动火、消防管控。焊机等用电设备必须进行三级配电与接地保护，预防触电事故。设置接火盆、防火布，防止焊接切割火花掉落，确保不发生火灾事故。在各个施工区段设置灭火器，定期或不定期检查灭火器完好程度。

六、成效

通过分析预判、精细管理、合理组织、科学监理与施工，旧炉体顺利移出拆除，新炉体顺利移入就位，顺利完成高炉炉体置换工作。期间未发生安全事故，各个职能部门运转正常，有效保证高炉大修施工顺利进行。炉体置换各工序均比实际工期提前完成，为高炉大修工程主工期节省5天，最终高炉大修工程提前8天顺利竣工，使企业提前投产，提高效益。上述施工成效充分说明不放残铁、模块化、快速化炉体置换施工方法在炼铁高炉大修过程中具有明显优势，且还有潜力可持续挖掘。

结论

本次山西某钢铁厂大型高炉大修工程使用不放残铁、模块化、快速化炉体置换施工技术为华北地区首次实施，实践表明，使用此施工技术可有效保证高炉炉体置换及大修顺利完成，有效降低安全风险，提高施工效率，为企业顺利恢复生产，创造经济效益提供有力保障。可以预见，未来各大钢铁企业均会把此项技术作为高炉大修期间炉体更换的首选方案。

本文总结归纳了相关监理经验与监理控制要点，为类似工程提供参考。面对未来越来越多的新技术、新工法、新装备，作为监理从业人员，一定要与时俱进，努力学习，了解新技术、新工艺，推陈出新，总结新方法、新经验，夯实自身，提升水平，为业主提供更优质的监理服务。

轨道交通工程质量安全管控工作总结

刘 卫
江西中昌工程咨询监理有限公司

摘 要： 南昌地铁经过8年的建设，江西中昌工程咨询监理有限公司从1号线02/03监理标开始，当前已顺利完成2号线03标的施工任务，地铁4号线监理02标正在建设中，为了归纳提升监理的管控水平，特对南昌地铁2号线03监理标在建设过程中的特点、重难点、工程创新及各专业监理工程师专业强化措施进行总结分析，为后续在地铁或其他项目施工提供经验。

关键词： 重难点管控；工程创新；专业管控

引言及工程简述

南昌轨道交通2号线03监理标由阳明公园站至辛家庵站，沿线分别穿越旧城中心区、城东片区等，主要途经阳明路、八一广场、南昌火车站等大型客流集散点。

所有站点、区间全部处于城市中心区，人多车密、交通疏解难、场地狭窄、施工环境差、地下水位高、基坑安全管控难，既有2、3号线换乘大型异形基坑，又有半盖全盖，技术要求高，施工风险大，对南昌轨道交通2号线03监理标内进行总结，具有重要意义。

一、工程特点及重难点及应对措施

（一）位于市中心交通疏解难度大是工程特点

2号线土建03监理标车站全部在老城区，均占据主干道进行建设施工，对原有道路交通影响巨大，如福州路站及福八区间经历过5次交通导改施工，阳明公园站经历6次导改，如何做好新建车站的交通疏解是该项目最大的特点之一。

应对措施：

1. 组织相关单位进行前期调查、统筹考虑、全面规划、实地踏勘，在满足施工需求的情况下，尽量压缩围挡。

2. 将需迁改的管线覆盖在围挡内，防止多次重复围蔽对交通产生更大影响。

3. 增设临时盖板，作为临时导改道路。

4. 取得了交管部门的大力支持，站点周边严禁乱停乱放，增加站点周边的通行能力。

5. 在地铁施工区域沿线及外围道路设立大量的交通导示牌，强化分流作用。

6. 采取夜间施工，将封路对交通造成的影响尽可能地减到最小。

（二）老城区管线布局复杂迁改困难是工程特点

南昌地铁2号线土建03监理标所有车站均位于老城区，由于历史原因，很多管线、管位及埋深很难探查，同时各路口及道路两侧的强电、弱电、自来水、燃气等各种管线密布，迁改工作复杂，难度大。

应对措施：

1. 配合产权单位进行交底，并仔细摸排管片分布，形成书面管线布置图。

2. 对迁改管线预定管道路由，结合产权单位要求，制定迁改方案。

3. 督促迁改时间及质量要求，避免反复迁改。

（三）半盖挖顺做法施工是项目难点

半盖挖顺做法技术难点：

1. 逆做顶板临时立柱（格构柱），它是半盖挖顺做法的竖向支撑体系，因此格构柱的焊接质量控制是工程重点。

2. 逆做顶板结构内衬墙钢筋采用直螺纹套筒连接，如何确保预留钢筋接驳器能有效连接是施工的一大难点。

3. 后浇混凝土与逆做顶板无缝相接是半盖挖顺做法施工的难点。

应对措施：

1. 在施工期间监理人员对每一道焊缝均进行仔细验收，并请有资质的检测单位采用无损探伤检测技术进行检验，检测结果达到 1 级焊缝要求。

2. 工程在施工前根据设计钢筋间距进行测量放线，并在模板上标记，在钢筋接驳器安装后，采用钢筋在水平位置进行焊接固定，使后期顺做结构内衬墙时，钢筋均能顺直有效连接。

3. 工程在盖板下的结构墙、柱混凝土浇筑时，将墙、柱模板上口做成喇叭状，控制模板上口标高比混凝土相接处高 15~20cm，后期凿除多余混凝土，避免了混凝土在自然收缩下形成缝隙，使混凝土紧密连接。

二、工程创新

为了加强南昌地铁 2 号线 03 监理标土建监理标的复杂技术条件及庞大的监理管理体系，进一步强化技术及管理，在地铁 1 号线施工技术及管理上进行了优化创新。总体情况如表 1 所示。

三、各专业监理过程控制及实施成效

各专业监理在实施过程控制中略有不同，如安全重点须注重条件验收，才能预控风险，条件验收是项目实施的领航；监测重点数据比对及数据发展趋势

创新技术及管理措施汇总表　　表 1

技术创新		
序号	技术创新点	技术优势
车站创新		
1	车站主体结构侧墙采用复合衬砌结构	复合衬砌结构技术优势： 1.叠合墙预留钢筋接驳器难度较大；而复合墙体分为两个单独的墙体，不存在预留接驳器问题； 2.叠合墙地下连续墙接缝处无法预留钢筋接驳器；而复合墙无须预留接驳器，整个墙体同时施工，整体结构强度容易控制，不存在局部削弱问题； 3.叠合墙边节点接缝漏水会腐蚀钢筋；复合墙结构由于防水隔离层的存在，结构质量好，防水效果好； 4.叠合墙结构板钢筋对接难度大；复合墙板筋直接锚入内衬结构，安装方便，质量可控
2	玻璃纤维筋代替传统钢筋	玻璃纤维筋的技术优势： 1.玻璃纤维筋在性能上和钢筋基本相似，与混凝土有很好的黏结性，同时又具有很高的抗拉强度和较低的抗剪强度，可以很容易地被复合式盾构机直接切割，而不会造成异常的刀具损坏； 2.玻璃纤维筋代替盾构围护结构中的钢筋，可以保证工作井围护结构的安全，而且盾构始发、到达施工时不需要人工破除洞门，减少了盾构施工的安全风险； 3.使用玻璃纤维筋的成本更低，施工工序也更加简单，同时还降低了施工风险，提高了施工效率，减少了资金投入
盾构技术创新		
1	康达特（CONDAT）液态高分子聚合物作为常规手段	CONDAT聚合物是一种土体改良凝水聚合物，主要提高渣土塑性，减少土舱内含水量，防止喷涌
2	首次配备地质雷达及专业人员全段扫描指导施工	引进地质雷达并配备专业人员随工程进度进行全部地质扫描，确定空洞及管线位置并采取有效措施，提前做好预控工作
3	南昌地铁首次引用钢纤维管片施工	顺辛区间钢纤维管片与普通管片的区别是增加了钢纤维，使得钢纤维管片强度提高5MPa，达到C55强度
4	引用管片排版图用于指导工程施工	管片排版图的意义： 给出拟合误差图，为现场的施工技术人员在管片拼装选型决策时提供参考； 静态管片排版图，利用设计图纸进行平竖曲线进行每环楔形量进行计算，控制盾构掘进姿态；动态管片排版图需测量管片上、下、左、右超前量，根据超前量重新计算管片排版图用于施工指导
管理创新		
序号	管理创新点	制度说明
1	盾构优化管理制度	1.组织、建立管理人员值班制度 在盾构穿越建（构）筑物期间，由施工生产安全管理、技术管理人员进行现场值班，以充分保证盾构各工序的有效衔接、技术及安全管控； 2.设备的巡检制度 盾构穿越建（构）筑物过程中，每环需巡检盾构机、龙门吊、后配套、燃油机车组、浆液搅拌站，发现问题及时处理； 3.成立聚合物压注班组 为确保盾构施工过程中快速、有效地处理喷涌现象，成立高分子聚合物压注班组，按每天两班倒，全天及时供应； 4.成立二次补浆班组 每天两班倒，确保现场24小时连续作业，可满足每环二次注浆要求
2	盾构掘进指令单制度	由总工下发当天的掘进主控参数波动范围、同步注浆量及需要补注二次注浆环数及点位，形成指令单。若盾构机手发现与指令单不符，立即上报总工及监理盾构技术负责人，双方对现场实测数据确认后再进行调整，并变更指令单
3	计量签核会审制度	在原负责土建监理工程师、总监理工程师代表及总监理工程师审核的基础上，项目增加试验专监、安全专监、测量专监，确保了各专业监理工程师指令的顺利实施

分析，是项目实施的重要护航；试验重点注重试验方案先行，审核及交底，是项目实施的重要核心。

（一）安全监理实施控制及成效

南昌地铁2号线03监理标在2013年底至2019年6月30日通车期间，累计辨识三级以上风险源333项，重大风险源150项，无重大人身伤亡事故，监理安全工作切实有效。

强化安全措施如下：

1. 重大危险源监理管控措施

1）专项方案审核153个，完善程序。

2）安全旁站控制。根据重大风险监理控制要求，监理部对重大风险源工序施工时进行旁站，发现问题及时要求施工单位整改落实，强化过程管控。

3）风险提示措施落实。安全风险提示以短信加微信形式，将下一步工作需注意的工程风险重点及措施由安全专监告知各驻地监理。

4）日常监理安全管控措施。监理日巡7045次；周（月）检查1970（492）次；整改通知单107份；安全工作联系单289份，是监理安全管控的基础。

5）专项排查及专题安全例会的落实

（1）专项排查

监理除定期检查外，还进行专项隐患排查94次，均要求限时整改，并督促其整改到位。

（2）专项安全例会

现场除召开监理例会外，不定期组织专题安全监理例会43次，对现场存在的安全问题及隐患，要求及时纠正，监督实施。

6）加强安全内部学习及旁站施工单位交底。监理部完成对内细则交底26次，并组织全体人员进行学习培训8次，旁站施工单位交底次数累计720次。

7）其他安全管控措施。落实重大风险源施工领导（总监、总代）带班、重大风险源施工前条件验收等措施要求。对恶劣天气、特殊情况，现场加强巡视，以照片加文字的形式，2小时一次上报业主微信工作群。

（二）试验监理实施强化控制措施及成效

1. 试验监理实施成效

南昌地铁2号线03监理标计划取样数量11948批，实际取样数量11990批，原材料、工艺性检测合格率100%。

2. 试验检测工作监理强化控制措施

1）建立工地试验室

每个工点建有工地试验室，并具有除委托试验外的自检项目和试件标准养护条件。

2）重要的试验检测项目全过程进行见证旁站

对于特殊性的检测如桩基检测中的超声波、低应变、钻孔取芯、混凝土衬砌管片成品检测、盾构吊耳焊接无损检测等均进行了全过程旁站检测。

3）强化与驻地办的试验工作配合

该标段8站8区间，各站点配置见证人员与试验工程师配合，材料进场后及时向试验检测工程师进行报告并相应地进行见证取样。

（三）测量监理实施控制措施及成效

1. 监测测量工作成效

测量工序复核：土建05监理标382份、土建06监理标265份、土建07监理标248份，复核结果均符合设计及规范要求。

监理监测比对分析工作：土建05监理标1647期；土建06监理标1805期；土建07监理标1907期，总体可控，局部偏差及时纠偏。

2. 监测测量强化措施

1）现场的监测仪器精度必须达到二等水准的要求。

2）监测项目不够全面，对基坑变形、道路塌陷、建筑物和管线等控制不力，需增加动态补充监测点。

3）实施技术手段常规，监测信息反馈速度较慢、效率较低，制定处罚制度督促施工单位及时上传数据。

4）第三方监测和施工单位监测人员以学生为主、流动性大，制定人员资质审核制度，确保人员资质要求。

四、工作心得

如何做好如地铁建设在复杂条件的老城区的安全、质量、进度管控，重要监理措施有以下几点。

（一）风险辨识是开展地铁施工的首要条件

标段涉及基坑开挖、支模体系施工、起重吊装、临时用电、管线保护、安全评估报告、盾构吊装、盾构掘进、盾构始发、龙门吊安拆等众多风险源，风险辨识控制到位，才能体现“预防为主”的安全方针，是监理单位事前控制的重要手段之一。

（二）质量管控注重样板引路

样板引路，标段在每道工序前经建设、监理、施工联合验收合格后，作为施工范本，以此范本作为模型和验收的控制标准，确保工程质量。样板确定统一了质量尺度、发现质量通病制定控制措施、优化设计方案的可实施，从而达到确保质量、降低经济成本、提高效率的目的，是监理单位重要质量控制手段之一。

（三）技术方案同周边环境紧密结合

地铁建设为优化交通疏解，导致交通导改次数较多，流水施工若未配合到位，施工进度将较难有较大的突破，为此地铁项目技术方案、周边环境控制须紧密结合。监理在审定技术方案的同时，还需考虑施工进度计划，考虑流水节奏及步距。这也是监理对进度控制的重要环节之一。

（四）监测控制强化事中控制

施工过程中，通过监测可及时发现施工过程中的环境变形发展趋势，及时反馈信息，达到对风险源防控的目的，所以监测数据分析比对控制是监理的风险控制重要手段之一。

（五）信息化平台管理成为项目强大助手

信息化平台分为业主单位平台及监理内部平台，业主通过其信息化平台对重大风险源的管控，如对盾构24小时信息化管理，出现异常参数直接越过施工、监理进行报警，若监理单位未及时发现，将对监理单位进行处罚，其监管能力极强。监理内部利用微信、QQ等平台实施动态信息管理，提高管理工作和信息管理效率，并且公开监理工作，是展示监理业务水平的重要平台。所以在地铁施工中信息化平台管理是项目实施的强大助手，是监理信息化管理的重要手段之一。

（六）标准化管控的不断总结提升为项目的推进提供保证

项目实施过程中，为了强化监理队伍的管理，规范施工单位的质量、安全管控，从南昌地铁1号线就开始进行标准化的建设工作，并配合业主单位制定了一系列的管理体系文件，为南昌地铁建设提供管理保障，2号线在1号线的基础上新增完善标准化管理32项，细化到重大风险源管控、日常安全检查、样板（条件）验收等各个层次，是监理对项目管理的全面控制手段，是质量、进度、安全管理的重要保障。

南昌地铁2号线03监理标在安全、技术等方面，均有其独有的难点，尤其是风险源管控。今后将以此为基石，更加严谨高效、勇于开拓、锐意进取，更好地为南昌市的城市建设精品型工程尽最大的努力，打造行业监理标杆。

基于监理技术的企业核心竞争力模型研究与应用

潘智浩 欧镜锋 陈邦炜
广东诚誉工程咨询监理有限公司

摘 要：本文以监理技术与监理企业核心竞争力的关系为出发点，分别从核心层、表现层和实现层三个层级，梳理了层级间的内部作用模式，并将此三个层级划分为一级指标，再分解为二级指标，构建了基于监理技术的企业核心竞争力模型，明确了指标权重算法和评价等级划分方式，并基于问卷调查和数据统计分析，开展实证分析，检验了模型的有效性和可操作性，提出了企业核心竞争力提升策略。

关键词：监理技术；企业核心竞争力；模型；实证分析

引言

近年来，为持续推动电力体制和工程建设体制改革，国家出台了多项政策和指导性意见。《国务院办公厅关于促进建筑业持续健康发展的意见》（国办发〔2017〕19号）、《住房和城乡建设部关于促进工程监理行业转型升级创新发展的意见》（建市〔2017〕145号）等政策相继提出，提升核心竞争力，培育综合性多元化服务及系统性问题一站式整合服务能力，培育一批智力、技术、管理优势突出且具有国际水平的全过程工程咨询企业。财政部、工业和信息化部《关于支持"专精特新"中小企业高质量发展的通知》（财建〔2021〕2号）要求，加快培育一批专注于细分市场、聚焦主业、创新能力强、成长性好的"专精特新""小巨人"企业。

进入国家"十四五"规划的开局之年，在国家政策要求背景下，电力监理企业如何顺应新发展格局，进一步提升企业核心竞争力，并向全过程工程咨询企业转型升级，打造一批"专精特新"监理企业，已成为电力行业以高质量发展为"十四五"规划建设开局起步的一个重要研究方向。

一、监理企业核心竞争力与监理技术

（一）企业核心竞争力

根据企业核心竞争力创始人普拉哈拉德和哈默的定义，企业的核心竞争力是指企业经过长期积累形成的，为一个企业所独具的、很难被模仿的独特知识体系。真正能够称得上核心能力的应该是企业牢牢掌握客户和把握市场的能力[1]。

（二）核心技术

获益于普拉哈拉德和哈默基于能力理论提出的企业核心竞争力理论研究成果，世界上多数企业已在其发展战略中加以运用，经过多年的实践和关于企业核心竞争力构成要素的研究中，众多学者一致肯定了核心技术对构建企业核心竞争力的重要作用，如吴敬琏指出，企业获得长期稳定的竞争优势是将"技能要素"等三项要素有机融合的结合[2]；吕洁华认为核心竞争力理论充分解释了竞争优势的根源在于企业内部，核心技术和技术创新能力是企业竞争优势所在[3]；宋东林、侯青认为，企业竞争能力主要取决于其是否拥有独特的核心技术能力[4]；叶路扬指出，掌握核心技术，是取得核心竞争力、保持竞争优势的重要手段[5]。

以上研究表明，基于核心技术创造

企业竞争优势，构建企业核心竞争力已具备丰富的实践与研究成果支撑。

（三）监理技术

根据关于核心技术的研究成果，结合监理企业实际，对以上企业核心竞争力的定义进行延伸，监理企业核心竞争力可总结为指一个组织具备应对电力体制和工程建设体制改革，以及激烈的外部竞争，并且取胜于竞争对手的综合能力。它是监理企业能够长期获得竞争优势的能力，是企业所持有的、能够经得起时间考验的、具有延伸性的，并且是竞争对手难以模仿和超越的核心技术[6]。

监理企业作为服务型企业，这种核心技术对于监理企业而言应为决定企业服务质量的监理技术。监理技术是在工程技术基础上，融合运用监理规范要求的“三控三管一协调”管理方法，开展工程监理工作的一种管理技术。它是监理企业构建其独有的竞争优势的基础，也是在市场竞争中取得市场占有率的关键所在。只有提高监理技术水平，并基于监理技术构建具有企业特色的监理企业核心竞争力，才能更有效地推动监理企业向全过程工程咨询企业转型升级，并更好地服务业主。

二、构建基于监理技术的企业核心竞争力模型

要构建监理企业核心竞争力结构模型，首先，应明确监理企业价值的实现过程。迈克尔·波特在他的名著《竞争优势》中首次提出价值链的概念，认为价值链由一系列能够满足顾客需求的价值创造活动组成，这些活动可以分为基本活动及辅助活动。对监理企业而言，其基本活动应以项目为基础，包括市场营销、招标决策、项目准备、项目实施、项目验收、项目运行期服务等。围绕基本活动，监理企业开展的企业制度建设、人力资源管理、技术创新等应为价值创造的辅助活动。

监理技术作为监理企业的核心技术，其应用范围贯穿了监理企业基本活动的全过程，是整个监理企业辅助活动的综合体现，将监理技术相关的辅助活动抽取出来，可建立基于监理技术的企业核心竞争力层次模型，并利用核心层、表现层和实现层的层次关系表示其内部作用模式，具体模型结构如图1所示。

（一）核心层

核心层是由对构建监理技术基准水平、维持监理技术水平稳定、提供监理技术发展动力、发挥监理技术扩散作用的关键企业辅助活动组成，具体要素如下：

1. 技术积累成果。监理技术作为一种管理技术，相较于产品技术，其形成过程更为复杂，经验性特点明显，技术实施主体也存在较大的差异性，使得对于企业而言，监理技术波动特征明显。从监理企业角度，面对同一监理工作，现场监理人员是否具备该项监理工作的实施经验或能否通过企业的技术积累，在工程施工前的图纸会审、方案审查阶段，在施工中的管控阶段预防常见安全、质量问题的发生，在出现问题后有针对性地提出处理措施或监理建议等，都需要监理技术经验作为支撑。

因此，监理企业都应有企业员工长久积累下来的技术积累成果，这是企业逐渐积累出员工流动带不走、竞争对手不具有且难以复制和模仿的监理技术的基础保障。

2. 技术标准体系。技术标准体系是将监理人员需要掌握和操作的流程、要点、方法、常见问题及处理步骤等关键监理技术能力及要求，融合到监理企业基本活动中，实现服务行为规范化、管理精细化，并发挥监理技术扩散作用，向全过程工程咨询方向拓展服务类型，实现服务特色化的关键支撑。它与技术沉淀成果相辅相成，技术沉淀成果积累

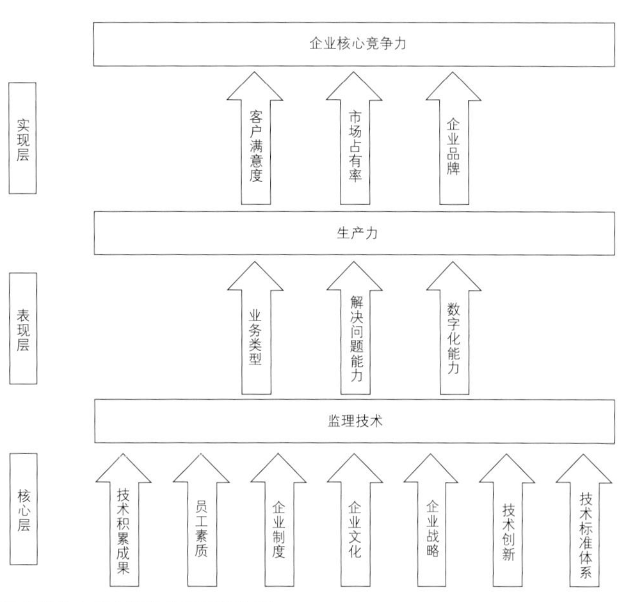

图1 基于监理技术的企业核心竞争力模型结构图

到一定阶段可提炼成为技术标准体系，技术标准体系的推广应用需要技术沉淀成果作为经验补充。

3. 员工素质。监理企业的员工是典型的知识型员工，彼得·德鲁克将他们描述为“掌握、运用符号和概念，利用知识或信息工作的人”。知识型员工作为监理企业的核心生产要素，是企业长远发展的动力源泉和根本保障，人员素质高低决定了当前监理技术的基本水平。

4. 技术创新。技术创新是监理技术发展的第一动力，企业持续开展技术创新活动，能够促进新技术与传统监理技术深度融合发展，更好地激发员工的创新意识、培养创新能力、完善创新机制，推动监理服务向数字化转型，进一步释放监理技术的生产力。

5. 企业制度。员工培训和人才梯队制度可以调动员工学习的积极性与主动性，促进员工不断提高知识技能水平。这不仅能为企业员工的自主提升提供制度保障和制度激励，提高员工的满意度，同时也有利于引进和留住优秀人才，以建立合理的人才梯队，保持企业活力。

6. 企业文化。企业文化被称为“推动企业深层发展的神秘力量”，这是因为它能够对员工发力，维持员工队伍的稳定性，继而形成促进监理技术平稳发展的内生动力。和企业制度不同，企业文化是一种柔性的、隶属于精神层面的生产力。

7. 企业战略。企业战略是企业管理者基于对宏观政策环境及行业机遇等外部环境的解读，结合企业内部条件综合分析后制定的一系列带有全局性和长远性的谋划。它是监理技术持续发展的动力源泉，决定了监理技术的发展方向和目标高度。

（二）表现层

表现层是监理企业基于监理技术形成生产力的具体表现，由业务类型、解决问题能力和数字化服务能力三个要素组成，具体如下。

1. 业务类型是指监理企业基于监理技术提供业务服务产品的类型，是监理企业监理技术水平的综合表现，决定了一家监理企业提供服务的深度和广度，对监理企业的生产和运营有着重大影响。

2. 解决问题能力作为监理技术的直接表现，具体体现在监理企业中的不同个体，在提供监理服务过程中，能够有效利用监理企业的技术积累成果、技术标准体系等监理技术体系，在监理交底、工地会议等环节主动预控问题，在图纸会审、工程实施等环节率先发现问题，在问题发生后科学合理地处理问题的能力，是监理企业基础服务水平的生动体现。

3. 数字化服务能力是指利用“互联网+”“云大物移智”等数字技术，在项目信息采集、管理决策以及服务流程等方面进行服务优化的能力。在数字中国建设背景下，数字化服务能力是衡量监理企业监理技术高低的重要标志之一，监理技术开展数字化融合是必然选择。数字化不仅可以提高监理企业的工作效率和协同性，从企业的远景出发，数字化水平的提高对企业大有裨益，是现有企业生存和发展不可忽视的因素。因此，数字化水平也是监理技术水平的重要表现因素。

（三）实现层

实现层是由监理企业基于监理技术形成企业生产力后，体现企业价值实现程度的要素组成，包括客户满意度、市场占有率和企业品牌三个要素，具体如下。

1. 客户满意度是对知识服务型企业常用的评价方式，展示了客户对于监理企业所提供的监理服务的感受与客户对于监理服务水平的期望值之间的匹配程度，通常可由项目客户回访、承包商评价等方式获得。

2. 市场占有率是指监理企业承接监理服务等服务项目在市场同类服务项目中所占比重，是监理企业形成企业竞争优势的重要体现之一。

3. 企业品牌体现了监理企业过去所完成的项目的成功经验，影响着监理企业在市场竞争中的成败，尤其体现在知识服务型企业上。电力工程项目都具有复杂性、专业性、项目投资大等特点，业主在选择监理企业时都会慎重地对比分析，企业品牌影响力就是至关重要的评价指标，它能反映出企业的监理技术能力、职业道德、社会影响等，是监理企业的核心竞争力的综合体现。

三、实证分析

（一）指标权重算法

运用问卷调查法，根据标度及其含义划分表（表1）对核心层、表现层和实现层的指标进行两两比较，取平均数建立比较矩阵表及模糊矩阵 R。由矩阵 R 采用行和归一化求得的排序向量 $W=(w_1, w_2, \cdots, w_n)^T$，满足：

$$w_i = \frac{1}{n} - \frac{1}{2a} + \frac{1}{na} \times \Sigma_{k=1}^{n} r_{ik}, i=1,2,3,\ldots,n \quad (1)$$

其中，n 为 R 的阶数，w_i 为各指标的权重。

根据以上算法，通过抽取20位已从事监理企业管理工作或研究多年的专家进行意见征询，建立两两比较矩阵，可求得3个一级指标的权重 w_1、w_2、w_3

（表2）。同理，依次计算出核心层、表现层和实现层3个一级指标下的二级指标权重值（表3）。

（二）评价等级评定及划分

根据专家意见，构建基于监理技术的企业核心竞争力模型评价集：

评价集综合了专家团队对各指标的意见，将对指标的评价进行整合，从6个等级描述企业核心竞争力的水平。

V={卓越，优秀，良好，中，一般，差}={V_1，V_2，V_3，V_4，V_5，V_6}　　（2）

对各等级赋予具体分值，以直观地展现评价结果并提高评价人员的评价科学性，具体赋值如下：

C={97.5，92.5，85，75，65，30}（3）

根据以上赋值，可将基于监理技术的企业核心竞争力模型各评价等级对应的得分区间划分如表4所示。

（三）评分汇总

根据基于监理技术的企业核心竞争力模型和上述评价方式，组织5名专家对A、B、C三家监理企业进行企业核心竞争力评价，结果如表5所示。

通过组织专家开展模型实证分析，证明了基于监理技术的企业核心竞争力模型能够对监理企业核心竞争力作出有效评估，具备可操作性。

四、基于监理技术的企业核心竞争力提升策略

根据以上实证分析结果，为在新发展阶段进一步提升监理企业核心竞争力，推动“专精特新”企业建设并向全过程工程咨询企业转型升级，参照基于监理技术的企业核心竞争力模型，可提出以下建议。

标度及其含义划分表　　**表1**

标度	含义	说明
0.5	同样重要	两个元素相比较，前者与后者具有同样的重要性
0.6	稍微重要	两个元素相比较，前者比后者稍微重要
0.7	明显重要	两个元素相比较，前者比后者明显重要
0.8	重要得多	两个元素相比较，前者比后者重要得多
0.9	极端重要	两个元素相比较，前者比后者极端重要
0.1、0.2、0.3、0.4	对应相反	影响程度按照和的对应关系相反

一级指标相对重要性对比及权重表　　**表2**

一级指标	核心层	表现层	实现层	权重
核心层	0.5	0.6	0.6	0.4
表现层	0.4	0.5	0.5	0.3
实现层	0.4	0.5	0.5	0.3

基于监理技术的企业核心竞争力评价指标权重表　　**表3**

目标层	准则层	权重	指标层	权重	总权重
企业核心竞争力A	核心层B1	0.4	技术积累成果	0.15	0.06
			技术标准体系	0.15	0.06
			员工素质	0.2	0.08
			技术创新	0.15	0.06
			企业制度	0.15	0.06
			企业文化	0.1	0.04
			企业战略	0.1	0.04
	表现层B2	0.3	业务类型	0.3	0.09
			解决问题能力	0.45	0.135
			数字化能力	0.25	0.075
	实现层B3	0.3	客户满意度	0.3	0.09
			市场占有率	0.3	0.09
			企业品牌	0.4	0.12

评价等级对应的得分区间划分表　　**表4**

评价等级	卓越	优秀	良好	中	一般	差
得分区间	$x\geqslant95$	$95>x\geqslant90$	$90>x\geqslant80$	$80>x\geqslant70$	$70>x\geqslant60$	$60>x$

监理企业核心竞争力评价结果　　**表5**

监理企业	专家1	专家2	专家3	专家4	专家5	评价分数	评价等级
A	82.00	83.43	85.67	86.76	86.43	84.86	良好
B	92.63	91.75	93.55	92.18	90.78	92.18	优秀
C	74.75	71.35	78.35	77.46	77.75	75.93	中

1. 推动技术标准体系建设。通过实证分析发现，评分较高的企业其技术标准体系得分也相对偏高。面对全过程工程咨询转型升级的需求，监理企业亟须依托监理技术服务范围涉及工程全过程的优势以及监理技术标准化经验成果，聚焦推动技术标准体系向“上下游”拓展体系内容覆盖面，基于监理技术打造综合型技术标准体系，进一步实现全过程管理流程精细化。

2. 促进数字化融合发展。随着数字中国建设推向深入，在“互联网+”“云大物移智”等数字技术高速发展的推动下，若监理企业依然仅提供低技术含量和低附加值的现场监理劳务服务必将难以为继。因此，监理企业必须通过技术创新提升数字化能力，进一步推动监理业务与数字化技术深度融合，提高监理服务的技术含量和服务效率，利用技术经验数据库建设提高员工技术支持获得率，进而形成更具特色的企业服务，才能不被时代抛弃，实现高质量发展。

3. 开展人才梯队建设。人才是监理技术的源泉和输出载体，人才数量和素质的高低决定了监理技术水平的高度和企业业务类型的广度。开展人才梯队建设，基于各岗位胜任能力要求分解结果，建立人才素质动态评估机制，并针对各评价要素配套开发对应的提升课程和组建师资队伍，形成人才素质循环上升的长效机制。从技术路线打通监理企业发展具有企业代表性和行业影响力的技术专家培养通道，拓宽传统监理人员的职业发展空间，以进一步激发企业人才活力和提升动力，打造学习型监理企业，促进监理企业员工成长为企业明星员工、行业专家。

4. 加强技术资源整合。全过程工程咨询企业需要具备综合性的工程专业知识和丰富的工程实践经验，咨询人员需要灵活运用现代咨询技术和管理方法，为电力建设工程各项决策与项目具体实施提供全过程工程咨询和管理的智力服务。监理企业在挖掘企业内部技术资源的同时，应加强内外部技术资源整合，建立专家库，打造平台型企业，盘活技术资源，提升解决问题能力，以更好地应对开展全过程工程咨询业务时的专业需求和技术难题。

结语

上述理论和实证分析表明，以监理技术为核心构建监理企业核心竞争力，已成为建设“专精特新”监理企业的有效路径。只要坚持发展监理技术，持续改进、勇于创新，必能在新发展格局下建设一个技术领先、管理精细、员工稳定、竞争力强的监理企业，并促进监理企业以高质量发展实现向全过程工程咨询企业转型升级的目标。

参考文献

[1] 徐敏州，王凯，张飞．监理企业核心竞争力的构成要素及培育研究[J]．建设监理，2012（5）：27-30．
[2] 吴敬琏．发展中国高新技术产业制度重于技术[M]．北京：中国发展出版社，2002．
[3] 吕洁华．高新技术企业核心竞争力研究[D]．哈尔滨：东北林业大学，2005．
[4] 宋东林，侯青．从美国技术创新机制看我国企业核心技术能力的构建[J]．中国科技论坛，2003（3）：35-38，60．
[5] 叶路扬．我国核心技术及其对策研究[D]．广州：华南理工大学，2013．
[6] 刘同海．打造经营理念 强化成本意识[J]．科技致富向导，2013（12）：238．

超高层施工管理建设监理浅谈

邓 松 李 锐 王 志
成都衡泰工程管理有限责任公司

摘　要：随着中国经济的飞速发展，建筑的规模和高度也在不断增加，越来越多的超高层建筑出现在我们的生活中，成为城市经济繁华的地标性建筑。超高层建筑的施工难度大、安全风险高、技术要求高、管理难度大，本文以西部文化产业中心项目为例，阐述了超高层项目遇到的施工、管理上的问题和解决方法，以及监理管理的经验及建议。

关键词：超高层建筑；监理管理；项目管理；施工技术

一、工程概况及特点

工程为高度172.1m的超高层单体建筑，38层地上塔楼，地下4层，西北侧有4层商业裙楼相连。地上建筑面积约为72772m^2，地下建筑面积约为20317m^2。主楼基坑开挖深度达23.5m，主楼采用框架—核心筒结构，14层以下的框架采用钢骨柱。该建筑主要用途为商业、餐饮、娱乐、办公、酒店等。该建筑的电梯（含扶梯）共28台，地下4层为机械车库，建筑工程等级为特级。

二、超高层建筑监理管理浅谈

（一）场地狭窄条件的施工平面布置

工程处于市中心繁华地带，周边全是高大建筑物和街道，红线内除了护壁桩基本就是基坑地下室，现场无固定区域设置材料堆码区、加工区。根据上述特点，监理建议将施工区域分为两半，一半为施工区，一半为材料堆码区、加工区，具体实施时材料堆码区、加工区设置在已绑扎好的地下室顶板面层钢筋上，当浇筑左侧楼板混凝土时，用塔吊将材料堆码区、加工区搬运到右侧，当浇筑右侧楼板时，用塔吊将材料堆码区、加工区搬运到左侧。同时通过受力计算对支模架、马凳进行加固，面层钢筋上设置一层1.2mm的钢板。后经实践，证明上述措施是切实可行的，虽然增加一定的费用，但保证了施工进度、施工质量和施工安全。

监理管控要点：①必须重新编制支模架方案，重新计算含堆码区、加工区动荷载的支撑体系，才能确保架体整体安全可靠；②重新编制钢筋施工方案，重新计算堆码区、加工区动荷载以确定马凳数量和设置方式，确保楼板上层钢筋不变形，下部钢筋保护层垫块不被破坏；③日常管理采用可目视量化方式控制堆码区、加工区材料种类，堆码数量或者高度以及设备的数量，保证荷载在允许范围内。

（二）复合地基处理的监理管控

作为超高层建筑，本工程勘察报告显示地基和基础基底有不均匀软弱层，基坑开挖后发现确实存在不均匀软弱层的问题，基底承载力不足，须进行地基加强处理。基坑设计单位对面积换填方案和复合地基方案的可行性进行了对比分析，得出结论：大面积换填方案的安全隐患会引起基坑护壁的大面积垮塌，安全不可控，抗倾覆安全系数验算不满足要求。复合地基处理采取直径1.5m的素混凝土置换桩，设计验算复合要求，建议采取复合地基处理方案。

由于设计采取桩径1.5m置换桩，无相关规范要求，成都地区尚无先例，属于“四新”的新工艺范畴，监理部要求施工单位对地基处理方案进行专家论证。工程地基处理方案由四川省建委组织质监站专家、行业专家进行了论证。专家论证提出意见：采用1.5m的桩径作为复合地基增强体，在成都地区尚无先例，存在一定工程风险，建议采用1.2m桩径，调整后桩间距为2.1m，共布设412根桩。

经专家论证后，业主、项管、监理、设计、地勘、施工等单位对复合地基方案进行了修改及确认，确定了处理方案：采取素混凝土置换桩复合地基处理方式，主要处理分布在主楼区域（除核心筒区域）的粉质黏土层。主楼核心筒区域外部分 -23.15~-27.25m的粉质黏土层采取多桩型复合地基方式进行处理。桩身长度分为长桩和短桩，长桩桩端持力层为中风化泥岩，短桩桩端持力层为密实卵石层。修改后的方案经设计和专家验算，符合相关要求。

工程主体核心筒周边增加了1.2m桩径的素混凝土桩412根，7.2m桩径有364根，7.6m桩径有12根，8.6m桩径有36根，采用旋挖机成孔，C30水下混凝土浇筑，其中126根设置声波探测管进行声波检测。由于复合地基处理的专业性较强，涉及主体结构的受力安全，监理部向业主提出需委托具有资质的第三方检测单位进行检测并得到业主支持。在监理的见证下，检测单位对桩身的完整性、复合地基静荷载、单桩静荷载进行了检测和试验，素混凝土桩按规范比例做了1000t的静载试验。监理部安排专人进行材料进场检验，施工过程对桩孔坐标、桩孔深度复核，混凝土浇筑、声波探测、复合地基静载试验进行了全程旁站监理，确保了工程的过程质量监督。经检测，复合地基处理满足设计及专家论证要求。

监理管理要点：①涉及无相关规范要求、属于“四新”范畴的工程，要求施工单位组织专家论证；②要求施工单位严格按专家论证后的方案实施，监理做好过程监督工作；③地基检测务必要委托具有资质的检测单位；④监理对成孔坐标、孔径、孔深复核、混凝土浇筑、声波探测、复合地基静载试验等工作须进行旁站。

（三）超高、超大筏板钢筋设置的安全措施方法

2014年12月29日，北京市海淀区清华附中在建体育馆发生筏板钢筋垮塌，造成10人死亡、4人受伤的重大安全事故。事故发生原因分析：地下室2层，基坑筏板厚度约1.2m，在马凳安放工作中，工人擅自将$\phi32$钢筋改成$\phi25$或$\phi28$钢筋，且大多数马凳横梁与基础底板上层钢筋网未固定；部分马凳脚筋与基础底板下层钢筋网未固定；上层钢筋网上擅自堆放钢筋。最终钢筋马凳失稳，筏板钢筋垮塌，造成了重大安全事故。

工程的A区地下室为4层，筏板设计厚度主要是为3.8m、3.2m，钢筋大小为$\phi32$和$\phi25$两种，相比北京清华附中，工程筏板更具有超高、超大、超重的特点，筏板钢筋架体安全更需放在首位。监理部要求施工单位重新编制支撑方案的加固措施，并且进行受力计算。建设单位接受了监理部提出的建议，采用型钢代替钢筋马凳作为支架。通过荷载计算，具体做法为支架立杆、顶面横梁采用10号槽钢，周边斜撑杆采用10号槽钢和$\phi25$钢筋，平面水平横杆采用$\phi25$连接，纵横向剪刀撑采用$\phi20$连续布置。

经实践证明，这种方式虽然增加了一定的造价，但整个筏板架体是安全可靠的，并得到了业主的肯定。

监理管理要点：①槽钢架体须进行受力计算，架体方案须重新编制；②搭设过程监理须旁站监督，严格按方案执行，特别是各部位的焊接质量须重点控制好；③面层钢筋上部严禁堆放材料或不相关的荷载；④安排专人监督整个架体的位移或变形情况。

（四）内爬式塔机拆除方法

工程使用2台QTZ250塔式起重机作为起重垂直运输设备，其中1号塔机安装高度为204.70m，受现场空间、周边街道、高压线等环境限制，只能设置在核心筒内部的剪力墙上，采用内爬方式进行升高和使用。

施工完成后，常规附着式塔机，因处在主体结构外，可以采用自身降节的方式，降至距离地面一定高度后再采用吊车拆除。但内爬式塔机设置在主体结构内部剪力墙上无法使用常规降节的方式进行拆除，那么应该如何拆除工程安装高度182m、自身高度56.7m、重量117t的塔机呢?

要拆除塔机就必须将塔机全部分拆成可下运的部件，首先就是在屋面结构上搭设一个门字架，利用门字架，将塔机60m长使用臂、21.33m长平衡臂，拖拽到屋面上，然后进行分拆。为了拆除塔机旋转机构和标节同时下运塔机的各部件，又在屋面搭设了一台LMD80动臂式起重机，塔机各部分下运完成后，因LMD80动臂式起重机部件超重、超大无法使用施工电梯下运，又再次在屋面搭设了一台更小的LP0802拔杆吊，完成LMD80动臂式起重机部件下运，

最后采用施工电梯完成 LP0802 拔杆吊下运。

监理管控要点：①审查单独编制拆除方案；②审查部件堆放的屋面构架、新搭设起重设备的屋面楼板是否经设计验算；③新搭设的两台起重机需进行安装验收、备案；④审查拆除人员特种作业证；⑤监理全程旁站。

三、监理管理的经验和建议

（一）监理延期服务费收取经验

1. 监理延期服务费的确定

工程是位于市中心繁华地带的超高建筑，业主又具有事业单位的特殊性，监理部预料到工程可能会延期，于是在监理合同洽谈时，提议将延期服务费增加进合同，由于招标文件和投标文件未提及此事，需与业主反复沟通，并主动提议增加免费服务期，最终将监理延期服务费的计算方式以书面形式确定在合同中。

2. 监理开工时间的确定

工程监理合同对监理开工时间有明确要求，即以建设单位书面指令为准，监理入场后，多次要求业主下达书面开工指令，但业主以监理未按投标文件配齐人员为由不下达，经监理权衡利弊，决定不再要求业主下达开工指令，完工后双方再商定时间。完工后，在监理多次建议下，采取了业主签字的绩效考核时间 2014 年 4 月 1 日作为开工指令，比业主审批施工单位开工报审表开工令时间 2014 年 10 月 20 日提前了约 6 个月，相当于为公司多争取了 6 个月的监理费（约 88 万元）。

3. 监理延期服务费补充协议是否签订

工程延期后，业主要求签订监理延期服务补充协议，监理部考虑业主会在人员数量和人员证书（全国监理工程师和四川省监理工程师）等方面大打折扣（项管具体取费是按实际到场的人员数量进行计算），如果采取这种方式预计监理延期服务费可能至少要打 5.4 折，于是委婉回绝了业主建议签订补充协议的事。

工程延期期间，监理部除积极努力工作外，还主动与业主沟通协调，并有计划地按照投标文件人员数量进行绩效考评申报，在工作得到业主认可时，绩效考评申报也得到业主的正常签字批复。施工完成，监理取费，经监理部多次与业主沟通，陈诉如果以监理人员数量和全国监理工程师证书不足对监理延期服务费进行打折，可能会导致后期审计相互矛盾，最终业主同意按照正常方式进行延期服务费的计算。按业主对监理的延期绩效考核天数 741 天计算，监理延期服务费如果采取打折方式（按 5.4 折计算）约 197 万元，但按正常绩效考核状态收取约 364 万元，比打折的方式多了 167 万元，相当于为公司多创造 167 万元利润。

在施工延期过程中，暂时不签订补充协议，也会出现晚收监理延期服务费，使公司对项目成本核算出现暂时性亏损的情况，这种方式需取得公司领导的理解和支持。

（二）其他方面建议

1. 延期服务费的支付方式

在工程延期时，项目项管在签订的补充协议中明确费用为按月结算，保证了延期服务费能及时收取。建议公司项管单位签订补充协议时也采取这种方式。

2. 绩效考核制度

工程的监理合同由项管公司参与制定，合同增加了绩效考核制度（每次以 20% 的监理费作为绩效考核），在管理监理的同时，业主也学会了用这种管理方法管理项管公司，结果监理被处罚了 2 次，项管被处罚了 7 次。建议公司项管在参与监理合同制定时，最好不要加入绩效考核制度，以免误伤。

四、取得成效

2014 年 10 月 20 日—2021 年 6 月 11 日，共计 2426 天，未发生质量安全事故。

2017 年 7 月 23 日的全国质量安全三年提升行动中，顺利通过住房和城乡建设部专家的检查。

2019 年 4 月 1 日，通过成都市级安全生产文明施工标准化工地预验收。

2019 年 4 月 11 日，通过四川省级安全生产文明施工标准化工地预验收。

2021 年 6 月 11 日，西部文化产业中心项目通过竣工验收。

2021 年 7 月 26 日，西部文化产业中心项目通过消防竣工验收。

参考文献

[1] 建筑设计防火规范（2018 年版）：GB 50016—2014[S]. 北京：中国计划出版社，2015.
[2] 王川，陈建宏，陈贡．超高层建筑主体结构施工技术的科学性研究 [J]. 大科技，2020（31）：271–272.
[3] 王有为，王清勤，叶青，等．超高层住宅建筑发展研究 [M]. 北京：中国建筑工业出版社，2012.
[4] 张俊杰．现代超高层建筑在中国的发展 [R].2012.

基坑支护前撑式注浆钢管桩监理控制要点

庆春晖
江苏钟山工程建设咨询有限公司

摘 要：新工艺、新工法的层出不穷是我国高质量发展的缩影，以科技进步保证施工质量安全，以节约成本缩短工期达成提质增效。不断研究新工艺、新工法的应用和推广，实现我国发展成为建筑强国的中国梦。本文结合某工程实例，简要论述前撑式注浆钢管桩的施工质量控制要点，从而保证深基坑安全，供同行参考。

关键词：深基坑；前撑式注浆钢管桩；监理控制要点

随着我国城市化进程高速推进，城市地铁及地下空间应用大量普及，各种深基坑支护的形式层出不穷，当地铁紧邻建筑物地下空间，为了保证地铁的安全，同时节约造价缩短施工工期，近几年前撑式注浆钢管桩作为自稳式基坑支护结构在上海及周边的城市大量应用。为了保证深基坑的质量及安全，对前撑式注浆钢管桩进行施工质量控制非常重要，下面结合自身经历的案例论述前撑式注浆钢管桩质量安全监理控制要点。

一、前撑式注浆钢管桩基坑支护监理关注设计要点

1. 项目邻近地铁 15m 内，严格按地铁要求控制变形，基坑支护设计为单排钻孔灌注桩加三轴深层搅拌桩止水帷幕加前撑式注浆钢管桩。

2. 前撑式注浆钢管桩 ϕ325 壁厚 8mm 钢管，长度 17m 倾角 45°，单桩钢管注浆量 4t。

3. 注浆约束体 2 个，长度约为 6m，预留 ϕ8~10mm 注浆孔。

4. 钢管桩与圈梁连接处设计 L 形 ϕ25mm 螺纹钢与钢管壁焊接，长度 20cm，焊接段 5D。

5. 邻近基坑边至钢管桩外 2m 宽设置 20cm 厚 C30 配筋垫层。

6. 钢管桩在配筋垫层处设置双向环形抱箍，ϕ16mm，2m 长共 8 根，放置在配筋垫层上下之间。

二、前撑式注浆钢管桩施工准备阶段监理控制要点

1. 收集基坑支护图审合格设计文件、基坑支护地质勘察报告、施工合同、施工许可证等文件。

2. 熟悉设计文件，及时组织图纸会审及设计交底工作。

3. 依据住房和城乡建设部《危险性较大的分部分项工程安全管理规定》（住建部令第 37 号）和《关于实施〈危险性较大的分部分项工程安全管理规定〉有关问题的通知》（建办质〔2018〕31 号）及《江苏省房屋建筑和市政基础设施工程危险性较大的分部分项工程安全管理实施细则（2019 版）》等各种危大工程文件要求，做好相关方案编制、审查、审核、专家论证等工作。

4. 各家责任主体根据设计和规范要求编制深基坑工程检测方案表，报主管部门备案。

5. 建设单位要聘请具有符合资质要求的深基坑监测单位，基坑监测单位按照要求编制监测方案并组织专家论证。

6. 地铁邻近项目同时要按照地铁管理要求进行地铁专项保护方案、专项地铁监测方案等论证，并及时报地铁主管

部门备案。

7. 审查进场设备是否符合方案及安全管理的要求。

8. 审查分包、总包单位各种开工报审资料及开工准备工作。

9. 及时根据施工组织设计、专项方案、施工合同、监理合同、设计文件等编制监理规划、监理实施细则，组织监理机构内部交底、学习，明确监理分工，为下一步监理工作做好充分准备。

三、前撑式注浆钢管桩施工阶段监理控制要点

（一）施工方法控制要点

1. 采用前撑式注浆钢管支撑与水平钢筋混凝土支撑结合，组成有效的支护体系。一端与混凝土圈梁有效结合，另一端插入基坑底部并进行注浆加固处理，角部采用钢筋混凝土水平支撑，其施工流程为沟槽开挖→平整施工区域场地→定位放线→振入钢管→灌注水泥浆→补浆→钢管与圈梁、支撑连接（浇筑冠梁和水平支撑）。

2. 整个施工区域需开挖一条深度1.3m左右的沟槽，以便成孔施工，并且需平整出5.0m左右宽的施工区域。

3. 按照图纸要求采用钢尺确定孔位以木桩或钢钎作为标记和编号，结合结构图纸，前撑式注浆钢管若与基坑内工程桩或深坑有重合部位，应做适当调整。

4. 钢管按照图纸进行加工，焊缝需饱满平顺，采用专用设备将钢管振入设计标高，钢管振入前应清除孔内虚土。在钢管安装过程中，以振动锤的倾斜角作为校正，严格控制成孔的位置和角度偏差，成孔倾角不大于1%。安装过程中务必做到准确、均速、平稳，在安设完后应及时注浆。

5. 钢管振入时如遇到硬土层无法钻进或钻不到设计标高，应采用引孔机钻孔，钻机型号为XL-50型。

6. 注浆钢管在使用前应检查有无破裂和堵塞，接口处要牢固，防止注浆压力加大时开裂跑浆。

（二）工艺操作要求控制要点

1. 钢管定位偏差不大于50mm，振入角度偏差不大于1%。

2. 钢管注浆桩杆体采用的Q235B钢管，应清除油污、锈斑，严格按照设计尺寸下料，每根钢管的下料长度误差不应大于50mm。

3. 注浆钢管底端1000mm范围布置不少于12个注浆孔，梅花形布置，注浆孔直径8~10mm，每个孔外设置角铁倒刺保护注浆孔，角铁倒刺与钢管满焊连接，焊缝尺寸3mm。

4. 注浆工艺采用约束式注浆工艺，针对各约束体分段定点实施注浆作业，注浆液采用P.O.42.5普通硅酸盐水泥浆，浆液水灰比为0.5~0.6，宜取0.55，注浆最终完成的标准以单根桩水泥用量或最终注浆压力控制，单根桩水泥用量不少于4.0t（桩长17.0m），或最终注浆压力1.5~2MPa，注浆完成后钢管内填满20~40mm级配碎石，并用纯水泥浆液灌满。

5. 钢管与圈梁连接：钢管的顶部焊接钢板，并在中间段加焊ϕ25短钢筋，与冠梁内部钢筋结合为一个有效整体，短钢筋梅花状布置，共10根，与内置钢管冲突的圈梁底筋紧贴左右钢管壁设置。

6. 钢管桩穿越地下室底板处需设置止水钢板，止水钢板采用6mm厚700mm×700mm钢板制作，止水钢板需与前撑钢管满焊且h_f不小于6mm。

7. 待中楼板及传力带达到设计强度的80%后，视监测情况间隔割除前撑注浆钢管桩，完成全部地下结构，剩余前撑注浆钢管割除。

（三）钢管制作要求控制要点

1. 制作钢管桩的材料应符合设计要求，并有出厂合格证和试验报告；2. 桩的制作允许偏差不得大于表1中数值。

（四）钢管焊接要求控制要点

1. 端部的浮锈、油污等脏物必须清除，保持干燥；上下节桩顶的变形部分应割除。

2. 上下节桩焊接时应校正垂直度，对口的间隙为2~3mm；垂直度不大于0.5%。

3. 焊条应烘干，焊接应对称进行，焊接采用多层焊，钢管桩各层焊缝的接头应错开，焊渣应清除，每个接头焊接完毕，应冷却5min后方可使用。

（五）注浆钢管避桩处理控制要点

1. 施工过程中，采用GPS定位仪确定桩位的基础上，对工程桩也精确放点。

2. 同时分别测量工程桩、前撑式注浆钢管桩与圈梁间的角度，在地面上将图纸要求的水平夹角放线标记。

桩的制作允许偏差表　　表1

序号	项目		允许偏差/mm
1	外径或断面尺寸	桩端部	±0.5%外径或边长
		桩身	±1%外径或边长
2	长度		≤200mm
3	矢高		≤1%桩长
4	端部平整度		≤2%
5	端部平面与桩身中心线的倾斜值		首节桩≤0.5%

3. 施工时钢管桩水平角度与垂直角度均实时对比调整，以保证施工角度与图纸要求一致，做到避开工程桩施工，保证施工质量。

（六）前撑钢管穿墙止水控制要点

1. 土方开挖到底后，在钢管穿墙的位置处预先焊接一块止水钢片。

2. 地下室外墙施工后，先凿除钢管内的部分填芯，并清洗干净钢管内填充料，而后设置 6mm 厚椭圆形钢板。

3. 短钢筋须与止水钢片焊接。

4. 钢板旁设置遇水膨胀止水条 20mm×30mm，紧贴钢管内壁设置。

5. 最后封孔采用微膨胀混凝土，混凝土强度等级同外墙。

（七）质量检查控制要点（表 2）

1. 钢管、水泥要有合格证和检验报告，砂石要有检验报告，质量不合格的材料不得进入施工现场。

2. 严格遵循设计思路，特别是桩尖的加工必须符合设计要求，保证注浆质量满足设计要求。

3. 钢支撑焊缝要求饱满，外观无焊接缺陷，焊缝高度不小于最小钢板厚度。

4. 受力位置均为连续焊，焊缝高不小于 6mm。

5. 斜撑施工完毕后需养护 15 天后方可开挖，开挖至基坑面后，配筋垫层需即刻浇筑，垫层需养护 3 天后方可继续开挖。

（八）注浆钢管拆除控制要点

1. 底板混凝土强度等级达到设计要求；2. 周边环境基坑监测数据比较稳定；3. 会同设计单位等各责任主体单位共同确认许可；4. 钢管桩需在中楼板及其传力带达到设计强度 80% 后，视监测情况间隔割除；5. 剩余钢管桩待全部地下结构完成后割除。

具体检查项目要求表 表 2

项目	序号	检查项目		允许偏差或允许值	检查方法
主控项目	1	原材料		—	质量合格证及复检报告
	2	钢管尺寸	钢管直径误差	≤±1%d	用钢尺量
		钢管长度误差	≤±10mm		
	3	钢管焊接		—	规范要求
	4	注浆量		不小于设计值的80%	计量称重
	5	注浆钢管承载力		设计要求	按静载荷试验
一般控制项目	1	施工机械设备		—	质量合格证和年检证书
	2	定位及安放	钢管入土平面误差	≤±10cm	用钢尺量
			钢管入土标高误差	≤±10cm	
			钢管水平角度误差	≤±5°	用量角器量
			钢管竖向角度误差	≤±5°	
		连接节点	短钢筋数量	设计要求	目测

四、承载力检测控制要点

（一）静载荷试验要求控制要点

1. 静载荷试验桩的数量为 3 根；2. 沿注浆钢管桩轴向方向加载，前撑设计最大加载量 800kN。

（二）试验方法控制要点

1. 试验最大加载量按照变形 20mm 控制；2. 试验钢管处开槽挖出长度约 1.5m 的钢管；3. 圈梁以下 50cm 位置割除 50cm 钢管安装千斤顶，进行静载荷试验；4. 试验完成后，割一段新的钢管对接焊，并沿钢管焊接处抱焊小钢板加强焊接（应在试验后及时修复，避免钢管错位）。

（三）加载程序控制要点

1. 试验加载应分级进行，采用逐级等量加载，分级荷载宜为单桩竖向承载力特征值的 1/10，其中第一级可取分级荷载的 2 倍，每级荷载在其维持过程中应保持数值的稳定。

2. 卸载应分级进行，每级卸载量取加载时分级荷载的 2 倍，逐级等量卸载。

3. 加、卸载时应使荷载传递均匀、连续、无冲击，每级荷载在维持过程中的变化幅度不得超过分级荷载的 ±10%。

（四）沉降测读时间控制要点

1. 每次加载后第一小时内按第 5、15、30、45、60 分钟测读试桩沉降量，以后每隔半小时测读一次，当沉降速率达到相对稳定标准时，进行下一级加载。

2. 卸载时，每级荷载测读 1 小时，按第 5、15、30、60 分钟测读四次，卸载至零时，测读残余稳定的残余沉降量。

（五）终止加载条件控制要点

1. 某级荷载作用下，桩顶沉降量大于前一级荷载作用下沉降量的 5 倍。

2. 某级荷载作用下，桩顶累计沉降量超过 30~50mm。

3. 某级荷载作用下，桩顶沉降量大于前一级荷载作用下沉降量的 2 倍，且经 24 小时尚未达到相对稳定标准。

4. 按业主或设计要求停止加载。

5. 每 1 小时桩顶沉降量不超过 0.1mm，且连续出现两次。

浅析绿色施工监理

——太原工人文化宫新扩建工程中绿色施工监理

张志峰[1]　赵　帅[1]　杨　毅[1]　易光辉[2]

1.山西省建设监理有限公司

2.山西二建集团有限公司

摘　要：绿色施工需要绿色监理，绿色监理和绿色施工是践行绿色发展理念、推进生态文明建设的必然要求，监理单位作为工程项目建设的参建主体之一，对项目绿色施工和环保治理情况负有监理责任。本文通过描述工程监理在工程建设过程中监理行为使工程项目尽可能最大限度实现“四节一环保”，使绿色建筑设计专篇里各项评价指标和控制项得以实现，最终获得了绿色建筑一星级标准。

关键词：绿色监理；太原工人文化宫；新扩建工程

一、工程概况、监理概况及绿色施工监理工作目标

太原工人文化宫位于太原市迎泽大街中段，地理位置非常优越，始建于1956年，1958年竣工第一次投入使用，是太原市地标性建筑，也是太原市唯一一座保留完整的仿苏式建筑，是山西省重要的历史文化建筑，它历经60多年的岁月沧桑，仍矗立于太原市中心。总建筑面积22362.28m^2，其中地上建筑面积18052.79m^2，地下建筑面积4309.49m^2，地上2层，局部4层，地下2层，建筑高度21.7m，包含剧场、音乐厅、戏曲大舞台、排练厅、报告厅、贵宾厅、活动室、设备等功能用房。

山西省建设监理有限公司接受业主（太原工人文化宫）委托，签订了《建设工程监理合同》，对太原工人文化宫新扩建工程施工阶段进行监理。监理单位作为工程项目建设的参建主体之一，对项目绿色施工和环保治理情况负有监理责任，在公司董事长、总经理及综合办公室、人力资源部等各职能部门的支持下，公司总经理挂帅，项目监理部配备了经验丰富、管理能力强的总监理工程师和各专业监理工程师，履行监理单位绿色施工监理职责，督促施工单位提高绿色施工和环保治理水平，保障项目平稳建设。

绿色施工监理目标：实现本工程绿色建筑设计中所有控制项均满足《绿色建筑评价标准》GB/T 50378—2019要求，且每类指标都满足全部控制项，绿色建筑评价达到Ⅰ星级要求。

二、绿色施工监理工作重点、难点

建筑本身就是能源消耗大户，对环境影响很大，更是环保部门督查的重点。在工程建设期间，建设单位承担施工扬尘控制首要责任，施工总包单位承担施工扬尘控制主要责任，监理单位承担施工扬尘控制监理责任。该工程地处迎泽大街中段、闹市中心，周边商铺多，紧邻居民小区，又是太原市重点工程，工期紧，对环境保护要求非常高，施工期间的材料运输、土方作业、桩基施工、混凝土浇筑、垃圾处理、夜间施工的噪声、塔吊作业、照明等都是监控的重难点。鉴于此，绿色施工监理工作的重难点，首先是应以环境保护优先为原则，其次是在施工过程中节地、节水、节能、

节材要有成效，要求总包单位在施工过程中按照“绿色施工，策划先行，样板领路，过程控制”实施，安全文明施工达到标准化工地。

三、绿色施工监理工作（实施）

1. 为贯彻落实《山西省住房和城乡建设厅 山西省环境保护厅关于实施绿色施工加快推进转型项目建设的通知》（晋建质字〔2018〕249号）文件精神，首先明确了项目总监是项目实施绿色施工的第一监理责任人。项目监理部还将安全文明施工、施工扬尘和噪声污染治理等绿色监理和职业健康等内容纳入《监理规划》和《安全监理实施细则》，按照《太原工人文化宫新扩建工程EPC总承包合同》中的绿色文明施工条款实施全过程监理。

2. 审查总包单位报审的施工组织设计（专项方案）、安全文明施工方案、绿色施工创优方案的单位编写审批程序、方案的针对性、可操作性及有关措施是否符合强制性条文。

3. 总监理工程师就安全监理实施细则中的控制重点和方法对监理人员进行了交底；还组织建设单位项目负责人、专业监理工程师、总分包单位项目相关人员根据工程特点及工程的地理位置、周边环境的特点，经过沟通，制定了太原工人文化宫新扩建工程绿色施工监理目标（表1）。

绿色施工监理目标 表1

类别	项目	控制指标	控制效果
环境保护	扬尘控制、粉尘气体排放	土石方及基础施工期间扬尘污染控制符合环保要求；控制粉尘及气体排放	达标
	噪声	噪声排放达标，符合《建筑施工场界环境噪声排放标准》GB 12523—2011规定，土石方施工期间机械噪声，昼70dB，夜55dB；桩基施工期间机械噪声，昼85dB，夜禁止	达标，无投诉
	固体废弃物	减少固体废弃物排放，最大限度回收利用，至少35%；生活垃圾封闭、袋装及时清运；有毒有害废弃物分类率达100%	符合标准
	污水、废水	施工现场污水、生活污水排放达标，符合山西省《污水综合排放标准》DB 14/1928—2019	符合标准
	场地硬化	场地道路、钢筋加工区硬化100%	达标
	光污染	电焊作业设置焊烟收集器；夜间电焊作业采用遮挡板	达环保部门规定，且无投诉
节能	建筑节能	符合《建筑节能工程施工质量验收标准》GB 50411—2019	验收合格
	节约用电	使用节能用电设备，提高用电效率；减少电路电能损耗；办公区、生活区用电使用节能型灯具；施工区、办公区、生活区分路供电，分开计量	符合要求
节水	施工用水	施工用水控制，按表计量	按计量
	生活用水	生活区用水控制，按表计量；设置油污分离装置，分类排放	按计量
节材	节材与材料资源利用	主材目标损耗率比定额损耗率低12%；机电、装饰装修材料损耗率比定额损耗率降低30%；临时围挡材料重复利用率70%；提高材料周转率40%；优化设计、降低库存、减少二次搬运	达到控制目标
节地	临时设施用地	场地空间有限，租用建设单位提供工人宿舍	达标
	施工总平面布置	根据施工场地实际情况合理布置	达标

4. 监理审查总包项目部管理体系建立和人员到岗情况、绿色建筑施工技术措施、环保扬尘治理方案逐级签订目标责任书和逐级交底、扬尘控制措施落实情况。

5. 日常针对项目工地绿色文明施工、扬尘和噪声污染方案执行情况、治理情况进行巡视检查，督促总包单位做好日常扬尘治理、道路清洁、噪声污染、建筑材料堆放、裸露土方苫盖、施工现场非道路移动机械污染防治达到环保部门要求，不影响周边商铺正常经营和居民的正常生活，加强对施工操作人员教育和培训，贯彻绿色施工理念，按照山西省《建筑工程施工安全资料管理规程》DBJ04/T 289—2011做好日常监理安全文明施工巡查记录。

6. 检查中发现施工扬尘和噪声治理不符合要求或未按方案实施的，按照严重程度及时下发《一般隐患监理通知单》，写明具体部位和内容及监理工程师的要求和依据，要求其定时定人定措施进行整改，复查其整改情况，消除污染隐患，经整改复查合格填写《一般隐患监理通知回复单》后方可继续施工；情节严重的，要求其暂停施工并及时报告建设单位；如果总包单位拒不整改或者不停止施工的，及时报告建设单位，并记入监理日志。

7. 专项检查，监理部定期组织建设单位、总包单位和分包单位对扬尘污染大的施工过程进行专项检查，发现隐患及时发出监理指令，限期整改，责任到人。

8. 每周监理例会上，首先检查上次例会有关绿色文明施工及环境保护问题的落实情况，分析未落实原因，提出具体意见，确定后续阶段绿色施工监理工作内容，会后及时整理监理例会纪要，参会各方会签后及时下发。

9. 专题会，针对工程进展和绿色施工现场情况及法定节假日前，召开专题会，做好会议记录，及时整理专题会纪要，参会各方签字后及时下发，随时跟踪检查整改结果。

10. 安全文明施工措施费的使用，按照建设工程 EPC 总承包合同要求，监理对总包单位安全文明施工费用使用计划和落实情况进行检查，签署审批意见，并将落实情况汇报建设单位。

11. 绿色施工监理资料，监理行为痕迹管理是通过监理资料体现的，监理资料包括《监理规划》《安全监理实施细则》（内容包括绿色施工监理、扬尘治理、噪声污染治理）、《安全生产、文明施工措施费报告表》《监理例会纪要》《日常监理安全检查记录》《一般隐患监理通知单》及《一般隐患监理通知回复单》《材料的进场检验记录表》和相关的质量证明文件、型式检验报告、复检报告、隐蔽验收记录等，按照《绿色建筑评价标准》和申报要求，收集、整理、汇总、装订，便于查询、使用、指导后续工程绿色监理。

四、绿色施工监理成效

（一）环境保护

1. 根据制定的绿色施工监理目标，强化施工现场绿色施工环境保护监督和检查力度，按照太原市建筑工地“六个百分百”要求，实现安全文明施工标准化工地。

2. 按照建筑工地环保督促要求，在工地主出入口外醒目位置设置环境保护责任公示牌，公示扬尘控制责任主体、责任人姓名、联系电话、主管部门及联系电话。

3. 在工地主出入口处设置洗车台、沉淀池，将雨水和基坑的降排水收集沉淀用于进出场车辆的冲洗、消防、养护、降尘，回收利用；租用多功能洒水降尘车和雾炮降尘车及时洒水降尘，大大减少了建筑工地的扬尘，保证了周边商铺和居民周边道路的清洁，满足了环保要求，确保了迎泽大街道路清洁和周边环境，施工期间没有因为扬尘污染和噪声污染被投诉的事件发生。

4. 施工现场周边设置噪声检测点，实施噪声动态监测，确保噪声满足规范要求。中高考期间禁止施工；晚间作业时间不超过 22 时，夜间施工噪声检测都低于 53dB，通过选用低噪声设备、先进施工工艺，采用隔声屏、隔声罩等措施有效降低施工现场及施工过程的噪声向外传播，给办公区和周边居民、商铺提供宁静的工作环境和居住环境。

5. 夜间电焊作业，采用遮挡板避免对周边居民造成光污染，施焊时设置焊烟收集器装置，降低夜间焊接过程中的光污染及扬尘污染，设置密目网屏障遮挡光线照射，透光方向均集中在施工范围内；塔吊夜间施工，照明设置灯罩。

6. 工程中所用的混凝土和砂浆全部采用预拌混凝土、预拌砂浆，保证了混凝土质量和工程质量，减少扬尘污染，符合绿色施工设计标准和评价标准。

7. 填充墙砌体工程量大，在施工前采取预选预排，减少施工现场砌块切割，避免操作人员过多吸入粉尘，确保身体健康，保护环境。

8. 施工现场设置封闭式垃圾站和垃圾箱，定时集中清运。

9. 将施工现场的稀料、废电池、办公室的打印墨盒等有毒、有害物质分类收集，集中收集处理。

（二）建筑节能

1. 建筑节能工程所用的主要材料、设备等的质量是保证节能工程施工质量的关键。工程所用的节能材料、设备在进场时，专业监理工程师均进行外观质量、规格、型号、设计参数及质量证明文件的查验；同时查验建筑节能技术（产品）认定证书和出厂合格证、型式检验报告，并形成相应的进场验收记录。按规定现场见证取样，送往有节能检测资质的实验室进行检测，复检合格后用于工程。

2. 围护结构中的屋面包括上人屋面的保温采用 100mm 厚 B1 级挤塑聚板，不上人屋面采用 80 厚挤塑聚苯保温板；采暖与非采暖空间的隔墙采用 30mm 厚 A 级玻化微珠保温砂浆；外墙粘贴 80mm 厚 A 级岩棉保温板；外门窗全部采用 PA 断桥铝合金 LOW-E 中空玻璃 5mm+12mm+5mm（12mm 为空气层），窗框与洞墙口之间的缝隙采用发泡聚氨酯填塞，框边四周采用密封胶密封；新建剧场非采暖地下室顶板喷涂 40mm 厚 A 级超细无机纤维喷涂保温层，节能分部工程验收时对外墙外保温节能构造钻芯取样检验，对建筑外门窗气密性现场实体检验，检验结果均符合设计及验收标准的规定。

3. 电气安装工程中均选用绿色、环保且具有节能合格证书、符合国家强制性标准（3C 或 CQC 认证）的电气设备，电力及照明系统采用低烟无卤清洁型电线、电缆；灯具选用三基色荧光灯，灯具安装平行于外窗，分组开关控制，避免多灯同时开启；公共区域照明和楼梯间照明使用带消防强启功能的声光控节能自熄开关；疏散指示灯选用 LED 光源；各功能性用房的照度及照明功率密度值符合设计要求。

4. 水源为市政管网，引入管上设置阀门、倒流防止器、过滤器、水表，盥洗盆采用密闭性良好耐用的感应水嘴；坐便器采用大小分档的冲洗水箱，一次冲洗量不超过 5L，水池水箱溢流水位设报警装置，防止进水管阀门故障时水长时间溢流。通过实验，用水量远低于设计用水量。

5. 空调机组设置自动控制系统，多联机室内机配置自动温控开关，利用设在室内的温湿度传感器对室内空气温湿度进行检测，既满足室内温湿度要求、满足人的舒适度，又达到节能目的。空调水系统安装水力平衡装置，对系统的水力调整与设定，保持了系统的水力平衡，保证空调效果。

6. 剧场观众厅和舞台采用低速一次回风全空气空调系统，工人运动室和多功能厅、后台采用风机盘管 + 独立新风系统，其余部位均采用低温热水辐射地面采暖系统。

7. 剧场观众厅属于高大空间建筑，人员密集，温度梯度大，舞台高大空间幕布重叠，灯具多、发热量大，设计采用置换通风方式，通过研究各节点的逻辑关系，运用 CFD 软件，模拟气流组织，研究高度方向的温度分布，分析速度矢量图、速度等值面、温湿度等值线，模拟各种工况下的气流流场、温度场，使设计参数最优化，解决了池座与楼座的竖向温差问题，保证了演出效果和观众观看期间的热舒适性。

8. 施工现场的临时用电，按照经监理审批的临时用电方案，选用低损耗新型变压器，施工现场使用节能用电设备，提高用电效率，施工区、办公区、生活区分路供电，分开计量。

9. 办公区及生活区均使用 LED 节能型灯具；电脑、打印机、复印件、饮水机长时间不用的及时关闭电源。

（三）节水与水资源利用

1. 地基与基础施工时正值雨季，项目部建立循环用水系统，对雨水及基坑降排水进行三级沉淀及处理，经检测合格后，用于路面清洗、降尘、清洗车辆、绿化浇水、混凝土养护。

2. 项目部设置化粪池以及生活区安装油水分离器等处理污水，经处理后再进行排放，有效控制水质污染。

3. 施工过程中现场混凝土的养护采用覆盖薄膜，气温过高时采用定时洒水，避免无节制浇水。

（四）节材与材料资源利用

1. 工程的主体结构中，剧场主体结构原设计是剧场舞台 35m×30m 顶板采用混凝土梁板结构，支模体系高度 32m，经与设计沟通优化，将混凝土梁板结构优化为钢网架结构，避免了 34m 高的高大模板支撑体系搭设和专家论证，减少了安全风险，节约了钢管脚手架搭设的人工、材料租赁费用，加快了施工进度，绿色环保。

2. 剧场型钢梁混凝土原设计型钢为焊接连接，经与设计沟通，将型钢梁焊接连接优化为螺栓连接，提高了功效，节约了材料，减少了焊接污染；剧场观众厅和舞台顶钢网架结构，原设计图纸为节点焊接，经与设计沟通，优化为螺栓球节点连接，减少了焊接材料的使用及焊接污染，提高了工效。

3. 装饰装修阶段，剧场吊顶原设计为 GRG 异形板，经与设计院沟通，优化为铝单板吊顶，重量为 GRG 的 1/5，所用的吊杆拉结系统材料减少了 50%，且施工方便高效，绿色节材；剧场属于高大空间，主体脚手架和装修脚手架统一设计后仅搭设一次，减少了脚手架搭设量；正厅门厅处水磨石地面，采用传统水磨工艺会造成水污染，经优化，采用了干磨工艺，避免了施工中的水污染。

4. 现场的定型化水泥库房、定型化围挡大门、定型化安全防护等临时设施，视觉上美观大方，工地安全文明标准化建设得到了很大的提升，由于是工厂式加工制作成品，使得施工现场工作效率大大提高；加快施工进度及周转次数，大大降低了成本，值得在项目中大力推广使用工具式定型化临时设施。

5. 下料后的钢筋废料进行材料优化，用作沟盖板、混凝土试块防护笼、排水沟篦子制作等综合再利用，提高材料利用率。

6. 模板支设前，运用配模优化技术，节约模板使用量，剩余的可以用于临边或洞口防护。

7. 剩余商品混凝土和废旧钢筋可制成室内电缆沟、室外检查井混凝土预制盖板；用剩余混凝土制成的 200mm 厚预制板，能多次用于周转铺路，节约材料，减少建筑垃圾，节材又环保。

8. 办公室张贴了节约用纸提示，纸张实现双面打印；废纸回收实现二次利用，办公用品进行分类存放。

9. 所用方木被截断的短木方通过接木机械接长后实现再利用，截短模板用作楼内封堵洞口二次利用。

10. 安装工程中空调风管和抗震支架等全部采用工厂预制成品，减少了材料浪费，提高了施工工效，缩短了工期。

（五）节地与施工用地保护措施

1. 太原工人文化宫地处繁华街道，根据施工规模及现场条件，管理人员和工人在施工高峰期达到560人，预计需要生活住宿用房100间以上，经过科学统筹规划，租用了施工现场旁建设单位综合楼用于工人住宿和部分办公，节约了100间以上的活动板房占用的土地；职工宿舍取暖为市政集中供暖，节约了大量取暖费用。

2. 土方施工期间为减少土方开挖和回填量，最大限度地减少对土地的扰动，保护周边自然生态环境，利用周边环境优势做好土方平衡；根据施工各阶段实际需求深化场地平面布置，现场平面布置合理、紧凑。

结语

绿色施工、绿色施工监理、绿色建造，符合国家对建筑业产业高质量发展的要求，绿色建造是建筑业实现高质量发展的前提条件。环保优先，资源节约，高效优质，用户满意，人与自然和谐共生，是建筑业高质量发展的要素。在监理实际工作中，我们没有找到关于绿色施工质量的验收标准，都是根据《绿色建筑评价标准》GB/T 50378—2019、监理规范及以往工程建设验收标准、监理经验来指导绿色施工监理，工作中虽然有困难，但是办法总比困难多，我们“不忘初心、牢记使命”努力工作，继续前行。

雄安商务服务中心全过程工程咨询监理经验总结

张 杰 侯 杰

北京双圆工程咨询监理有限公司

摘 要：本文介绍了雄安商务服务中心建设过程中全过程工程咨询监理工作的开展情况，并总结了全过程工程咨询模式下质量管理、安全管理方面的经验与亮点。

关键词：雄安商务服务中心；全过程工程咨询；监理经验；质量管理；安全管理

一、概述

（一）工程概况

工程场地位于河北省雄安新区容东片区西部、雄安市民服务中心北侧，是雄安新区首个标志性城市建筑群、首批非首都功能疏解项目，项目主要包含会展中心、五星级酒店、中央水景、商业办公、专家公寓、集中商业及地下环廊、幼儿园等。工程建设概况如表1所示。

工程建设概况表　　表1

<table>
<tr><td>工程名称</td><td>雄安商务服务中心项目一、二、三标段施工总承包工程</td><td colspan="2">工程性质</td><td>公建、住宅</td></tr>
<tr><td>建设规模</td><td>90.1万m^2</td><td colspan="2">总占地面积</td><td>24hm^2</td></tr>
<tr><td>工程地址</td><td colspan="4">河北省雄安新区容东片区西部、雄安市民服务中心北侧</td></tr>
<tr><td>建设单位</td><td colspan="4">河北雄安商务服务中心有限公司</td></tr>
<tr><td rowspan="3">全过程工程咨询联合体</td><td>深圳市建筑科学研究院股份有限公司（联合体牵头单位）</td><td rowspan="4">合同要求</td><td>质量</td><td>“鲁班奖”“钢结构金奖”“河北省建筑工程安济杯奖”“国家优质工程奖”</td></tr>
<tr><td rowspan="2">北京双圆工程咨询监理有限公司（联合体成员单位）</td><td>工期</td><td>770天</td></tr>
<tr><td>安全</td><td>全国建设工程项目施工安全生产标准化工地</td></tr>
<tr><td>总承包单位</td><td>中国建筑第三工程局有限公司、中国建筑第八工程局有限公司</td><td>其他</td><td>绿色建筑三星级</td></tr>
<tr><td>项目监理范围</td><td colspan="4">雄安商务服务中心项目全过程工程咨询合同中建（构）筑物有关的建筑、结构、电气、水暖、精装修、智能化、市政道路、设备、景观、幕墙、热力、燃气、标识等所有图纸和清单所列的全部委托人要求的内容</td></tr>
</table>

（二）项目整体目标

整体项目目标如表2所示。

（三）监理团队架构及职责

组织机构从上到下组成线性结构。联合体部分设置有联合体办公室。项目监理部设置有总监办公室，总监办常设总监理工程师、机电总监、BIM工程师。分设三个标段监理组，分别由三个标段总监代表和对应施工单位的工区、专业体系组成。

二、经验总结

（一）发挥全过程工程咨询优势进行质量管理

项目建立由公司总工办、项目部总监办、双控双管的质量管理组织架构，根据雄安新区、雄安集团要求建立网格化管理、渗透式管理模式，强化责任落实，坚持完善工程质量全链条追溯机制，辅助以雄安监理区块链APP、全过程跟

项目目标细化表　　表 2

目标分类	目标值
工期	770日历天
质量目标	1）分项工程、分部工程和单位工程一次验收合格率100%，杜绝因工程质量问题造成的工程使用功能降低，杜绝一般及以上工程质量事故； 2）一标段争创“鲁班奖”，二标段确保取得河北省建筑工程“安济杯奖”（省优质工程），争创“国家优质工程奖”（中国施工企业管理协会颁发），入选河北省被动式超低能耗建筑，全部通过绿色建筑三星级评价； 3）推行施工现场6S精益管理，强化现场管理的规范化、标准化； 4）满足雄安新区相关文件对于工程质量的要求
安全目标	确保无重伤及死亡事故，文明施工达到省级文明工地；达到“全国建设工程项目施工安全生产标准化工地”

踪 BIM 为主的深化、审核、实施过程。确保质量安全万无一失，确保工程项目经得起历史和人民的检验，努力打造高质量发展的全国样板。

所有工程自勘察阶段公司介入，陆续进场总包单位 3 家、分包单位将近百家。总、分包单位进场后，由监理人员对施工人员进行监理交底。发挥全过程优势，引导施工单位快速建立雄安质量管理体系，宣贯国家、地方、雄安新区、雄安集团、全过程咨询单位的质量要求。快速帮助引导各总、分包单位建立质量管理体系，适应雄安质量相关要求。

1. 施工人员履约制度

施工单位进场前，严格审查施工项目领导班子人员资质。投标承诺项目经理、技术负责人、安全负责人等关键人员必须到岗履职，否则不予签认开工手续并约谈施工企业主要负责人，未能到岗的严格按照施工合同违约条款建议建设单位进行违约金扣除。施工单位申请更换的施工人员，项目监理机构经审查资质符合要求后，须会同建设单位代表进行现场面试。普通项目成员无法到岗的，由施工单位向监理单位申请变更同岗位具备资质人员。确保施工过程所有管理人员持证上岗，保证项目管理组织人员基本素质和管理能力。

2. 建立质量体系

开工前通过第一工地会议、监理交底、工作联系单、宣贯会议、专业对接、资料交底等形式帮助施工单位建立质量体系。内容包括地方标准、雄安集团规定宣贯、施工组织设计（方案）编制清单、雄安集团开工令目录、BIM 实施计划、检验批划分方案、检测试验计划、材料封样计划、首段首件验收计划等。

3. 严格执行三检验收制度

严格贯彻基于遵循“雄安监理区块链”三检质量验收程序，建立施工现场“干活负干活的责任，管理负管理的责任”的管理理念。将质量贯彻落实到班组长。所有进场施工单位必须签订《工长安全质量责任书》，负安全质量责任。具体的验收程序是：

由施工单位工班长自检（班组自检结果形成数据上传 APP）—技术复核（施工单位自检结果形成数据上传 APP）—项目部质量人员 8 时前提交当天验收预约单送至监理单位—监理单位按照预约时间组织相关人员进行验收。各级单位不得越级直接向监理报验，一经发现，责令退场。

加强对建设工程分包单位资格核查，指导总承包单位落实分包单位安全质量负责人、工长面试和培训以及备案管理要求。执行《中国雄安集团建设工程施工企业安全质量信用履约评价管理办法》，对现场总承包单位进行定期考核，查验总承包单位对分包单位的管理情况。评比落后的单位将建议建设单位约谈总承包单位对相关专业（劳务）班组进行处罚和更换。

4. 五方责任责任主体首段、首件验收制度

在传统样板引路的基础上，施工单位、监理单位、勘察单位、设计单位组成工程首件验收小组，对建设项目首次施工分项工程的施工工艺、验收标准、施工质量等方面的检查验收。工程首件验收主要从外观质量、设计要求、质量验收标准、使用功能等方面进行，具体的评定标准为以下几个方面：

首件施工方案检查批准手续是否齐全。产品外观质量是否合格无缺陷，各项检测指标是否符合设计要求和相关专业质量验收标准。人员配置是否符合方案要求，进场人员是否进行教育培训、交底，特种作业人员是否持证上岗。测量试验仪器、施工设备设施是否按方案要求配置，进场验收资料是否齐全。所使用材料及构配件是否按方案要求配置，材料来源是否稳定充足。工艺流程是否按方案要求实施，施工过程记录是否完备，工艺参数是否符合设计和验收标准要求。各项质量安全环保措施是否到位，有无隐患。动工、过程三检、验收、旁站等管理节点及管理流程是否符合工作标准。

5. 材料进场把控

严格执行材料计划—材料封样—实测实量外观检验—材料复试的进场制度。对涉及承包合同物料清单限制的材料严格进行审查封样要求、技术要求（部分技术要求可能高于施工验收标准）、绿色建筑及被动式超低能耗要求。预制构件进行厂家考察和定期预制厂巡检。

6. 全过程参与 BIM 流程

工程从规划、设计、深化、施工全专业地采用了 BIM 技术。监理单位全流程地参与联合体设计模型会审、施工深化模型会审、机电综合、室外工程综合。项目建设规模大，功能复杂，首次应用的新技术较多，系统集成要求高，集多个业态功能于一体。结合项目业态实现其建筑结构和市政、景观的使用功能，相应地配置更复杂的系统机电工程、室外海绵城市系统。整个建设周期短，室内机电、室外管网施工工期紧张（表 3）。

7. 推行建筑师负责制、全过程工程咨询制度

总建筑师领导下的设计团队和监理团队全过程贯穿设计效果、质量过程的检查。设计驻场工作，提高设计师和监理工程师的话语权。

8. 推行工程总承包管理制

以工程总承包的管理举措，充分发挥中建八局、中建三局大型总承包商的资源整合能力与管理能力。工期为主线，以成本为核心，以考核为手段，以多专业协调为抓手，推行“全过程、全方位、全专业”的“三全”管理，将总包主体施工、专业分包、建设单位发包的专业分包工程进度统一纳入总承包工期进度管理中，并按照施工总控进度计划向分包人及时提供进场和运输条件、临水临电临时照明服务、消防保卫和成品保护服务、各专业间的协调配合服务，将质量管理、安全管理、资料备案管理、商务管理全面纳入总包管理。

（二）安全管理

项目启动前期，由总监理工程师组织各标段针对性进行安全监理方案编制，全员签订《安全责任状》，明确安全管理目标、各岗位安全管理人员及职责、主要安全监理措施等，细化并分解安全管理目标至每一名监理和施工管理人员，层层压实安全管理责任，做到群防群治、健全安全管理体系，保障项目安全管理整体运行受控。下面将安全管理运行重点管控事项经验总结如下：

1. 施工单位入场

分包单位入场前由监理单位审查总、分包企业资质及主要管理人员相关职业资格证件及委托书、特种作业人员证件，并对照现场实际到岗人员进行比对，符合要求后方可入场。

2. 安全生产管理的监理工作原则

1）项目监理机构全面落实《建设工程安全生产管理条例》《河北省安全生产条例》《建设工程监理规程》DB11/T 382—2017 规定的责任。项目监理机构审查施工组织设计中的安全技术措施或者专项施工方案是否符合工程建设强制性标准。项目监理机构在实施监理过程中，对发现存在安全事故隐患的，要求施工单位整改；情况严重的，要求施工单位暂时停止施工，并及时报告建设单位。施工单位拒不整改或者不停止施工的，项目监理机构及时向有关主管部门报告。

2）项目监理机构采取主动控制措施，实施施工单位安全生产条件检查；定期、不定期组织安全检查活动。

3）风险识别，监控重大危险源，杜绝重大安全事故发生。要求施工单位每月上报风险源识别清单，建立危险性

全过程 BIM 流程 表 3

序号	实施阶段	BIM各阶段应用目标
1	施工准备阶段	1.编制整个实施阶段的深化设计实施方案，并提交建设单位、监理、设计方审定；建立完整的技术体系； 2.借助BIM技术，科学决策场地布置及进度计划； 3.收到蓝图后，统筹组织，快速建立模型，通过可视化手段辅助图纸会审； 4.室外工程全专业综合应用BIM技术模拟碰撞及进度计划（大市政、小市政、景观、热力、燃气）
2	施工过程阶段	1.充分利用BIM技术优势，积极探索各类应用点，确保落地实施，提高项目整体管理水平； 2.根据施工过程中的各类重难点，组织各专业深化设计以BIM正向设计为原则制定相应的专项实施方案，更好地辅助解决现场技术及施工管理问题； 3.根据项目进展，将符合要求的BIM模型和数据提交项目管理协同平台； 4.根据雄安新区BIM管理平台数据汇交标准等规范导则及时更新项目文档，记录变更等信息； 5.在施工期内以月为周期（建设高峰期可适当增加频次）采集倾斜摄影三维模型并提交建筑师审核，积极配合雄安新区BIM平台、CIM平台的建设
3	施工竣工阶段	1.根据竣工模型交付标准，配合建筑师将竣工验收信息添加到施工BIM模型中，形成最终竣工模型，满足项目交付和运营维护的要求； 2.施工过程中的BIM各项数据成果，如图纸、报告、动画、图片、文档等归档，形成归档记录，并提交项目管理协同平台； 3.提交分辨率符合CIM平台要求的倾斜摄影模型，及符合CIM平台运营条件的BIM模型（含地质模型）、矢量图纸、报告、产品质量控制文件等； 4.形成具有可推广性的BIM管理机制及实施标准

较大的分部分项工程安全管理制度。施工单位应在危险性较大的分部分项工程施工前编制专项方案；对于超过一定规模的危险性较大的分部分项工程，施工单位应当组织专家对专项方案进行论证。对于按规定需要验收的危险性较大的分部分项工程，施工单位、项目监理机构应组织有关人员进行验收。验收合格的，经施工单位项目技术负责人及项目总监理工程师签字确认后，方可进入下一道工序。

3. 组织安全活动

1）安全联合检查。加强项目安全体系建设，每周各标段安全总监组织安全监理人员、总包安全员联合检查，由项目安全总监组织识别当周重点风险管控事项，由各楼栋工程师带队逐项排查，安全总监根据近期风险暴露点及现阶段施工进展情况，选取风险较高的区域进行带队检查。将检查出的安全隐患传达至责任人员，及时通过雄安监理APP、安全监理通知、工作联系单等形式向施工单位传达。通过日常巡查、周安全检查等活动，由资料员形成隐患治理台账，每周五按风险类别通报本周突出隐患类别，由项目安全总监制定下周专项安全检查计划。应对不同施工阶段针对性督查当期主要安全风险，降低隐患演变为事件的概率。

2）交叉检查，比学赶超。重视基层安全环境建设，每月由公司安全组专家组织带队各项目安全监理人员对本项目进行交叉检查，通过奖罚并举、沟通交流措施，提升基层管理者安全风险意识及隐患整改积极性。

3）定期组织安全宣讲，安全培训。雄安地区外部检查部门较多，各部门、各单位文件政策较多，为一一落实，收到新文件及时组织施工单位、监理单位进行宣贯、学习。做到责任安全、环保、标准化的分解、落地。

4. 安全管理亮点总结

1）脚手架管控

脚手架搭设前，进行安全技术交底，搭设过程由网格化安全监管人员进行旁站监督，搭设完成之后采取分段分步验收形式及时组织验收，并及时进行纠偏，避免造成返工事件的发生。使用过程中开展每日巡查和定期安全专项检查。对检查后的脚手架粘贴月度检查标签，与验收牌同部位进行公示。

2）模板支撑体系管控

脚手架搭设前，进行安全技术交底，搭设过程由网格化安全监管人员进行旁站监督，重点管控流水段临边防护栏杆设置、高处作业安全带系挂及水平网的挂设及时性。搭设完成后分段及时组织验收并挂牌，便于后续模板及时插入施工，消除模板支撑架高空坠落的风险。

3）安全防护管控

总、分包单位进场时将安全防护设施的设置标准进行宣贯明确，施工过程中对防护设施的设置情况进行重点监管，各种水平洞口安装钢筋网片，并将此项加入验收标准。涉及临边拆除防护工序的，履行审核审批手续，施工完成后及时恢复，安监部加强拆除施工作业的安全巡查。项目在各楼层明显位置设置多处“安全防护设施，严禁随意拆除”公示牌，提醒作业人员规范作业。

4）临时用电管控

在严格把控合格配电箱入场的同时，明确配电箱入场的品牌，降低配电箱不合格率，提高配电箱的使用安全性。

项目统一按照临电组织设计布设现场一、二级配电箱，并设置防护棚，一级配电室设置密码锁加强管理。根据施工阶段有针对性地对临时用电使用情况进行日常巡查、专项检查等，及时消除临时用电安全风险。

在施工阶段变换时，比如二次结构入场前、冬期施工前、精装修实施前，要求提前重新部署临电策划并规划楼层内部电缆挂设及照明线路、用电负荷计算等事项，做好临时用电风险预控，引导、指导规范化施工用电。

5）大型机械管控

在使用过程中，组织网格化责任安全监理工程师对大型机械进行每周隐患排查，每月组织产权单位对塔吊运行情况进行月检及维修保养工作，确保塔吊等大型机械使用安全。

所有标段在塔吊投入使用前加装可视化智能监控系统方可验收，通过雄安监理APP客户端随时掌控塔吊运行情况，并根据运行报警情况进行违章统计分析。

打造全面引领示范效应的中山大学·深圳建设工程项目

李 冬
浙江江南工程管理股份有限公司

摘 要：中山大学·深圳建设工程项目是住房和城乡建设部首批全过程工程咨询试点项目，咨询单位打破传统思维，提出咨询增值服务方案并探索出一系列行之有效的管理方法；设计管理精细、招标管理择优等增值服务方案为项目明确了总体管控方向；系统分析法、结果导向法等具体管理方法指导各项工作高质量实施。项目经过3年多实施，取得了良好的管理成效，增值方案及管理方法在全国范围内起到了示范引领作用。

关键词：增值服务；总体管控；高质量实施

一、项目基本情况

（一）建设背景

中山大学·深圳建设工程项目（以下简称“项目”）的建设，是深圳引领粤港澳大湾区发展，实施人才强市战略，加快优质人才战略性集聚的重大举措；也是依托中山大学附属医院的优质资源，开展医学科研和高层次人才培养，为深圳市民提供高水平医疗卫生服务，提升深圳市整体医疗卫生水平。

（二）项目概况

项目位于深圳市光明区，占地面积 144.71hm^2，建筑面积 127 万 m^2，批复概算 119.8 亿元，主要包括医科、理科、工科、文科四大学科组团及配套设施。

（三）项目定位

积极探索研究全新的项目管理模式，形成一套行之有效的管理制度并加以推广，持续引领国内先进建设管理经验，建成国际一流、国内领先的综合性大学。

（四）进展情况

2016 年 12 月完成可研批复，2017 年 6 月完成全过程工程咨询招标，2017 年 12 月完成初步设计，2018 年 6 月开工，2019 年 8 月第一批主体结构封顶，2020 年 8 月完成首批 37 万 m^2 交付，2021 年底全部建成。

（五）全过程工程咨询情况

服务范围包括项目策划、设计管理、招标管理、合同管理、造价管理、报批报建、工程监理、保修阶段管理等内容。

二、打破传统理念，创新增值服务

项目管理团队组建伊始，就确定了为项目提供优质服务、提升管理标准、建设精品工程的高质量建设理念，并制定了咨询增值服务专项方案。

（一）设计管理精细

通过方案比选、专家评审、类似项目经验、精细化审核等管理措施，实现同等标准造价低，相同功能造价低，同等费用高标准、高可靠性，同时根据经常遇到的施工质量通病，在设计阶段采取预防措施。

（二）招标管理择优

通过分析项目特点及针对性的市场调研，在招标模式确定、标段范围划分、招标时序安排、评标条件设定等方面开展大量基础工作，制定出整体择优目标的招标策划方案。

（三）投资控制精准

投资控制精准是指在项目建设不同阶段分别采取相应投资控制方法，对项目造价都有相对精准的指标加以控制，避免“三超”现象出现。

（四）合同管理落地

合同是管理参建单位的重要标准，也是法律依据。公司通过制定《合同管理白皮书》，定期分析、整理参建单位合同执行情况，形成书面报告向建设单位汇报并通报承包单位，管控参建单位认真履约。

（五）结算工作同步

结算滞后往往是工程造价工作的通病。公司结合多年项目管理工作经验，为项目制定了结算工作专项方案。结算专项方案强调过程结算、容缺结算、分段结算，旨在实现工程实体竣工、档案资料完成、工程结算同步完成的理想状态。

（六）现场管理标准化

公司对现场管理各项工作分类按照建设单位工作指导标准、实施手册，以简易化、轻量化为特征，随时组织学习培训，方便一线人员快速理解、快速执行。

（七）打造学习型组织，推进技术创新

持续学习是提升组织活力的关键动能。公司结合创办江南管理学院10余年的独有优势，在项目上组织各种类型学习、研究，建立项目大讲堂、微课堂，带动员工做讲师、鼓励员工微创新，通过丰富多彩的学习研究活动为项目赋能。

（八）发挥党建引领

新时期政府投资工程，应将党建工作纳入工程建设管理体系，并作为工程建设管理中一项重要内容。公司协同建设单位制定党建专项工作方案，以“把支部建在项目上”为载体，促进党建与工程管理双融双促。

三、全过程工程咨询服务创新管理方法

（一）项目策划方法

项目策划作为一个项目建设的纲领性文件，为项目建设定模式、定方向、定目标、定标准、定计划，指导项目建设全过程。需要系统性分析研究项目特点、需求、目标，方能制定一个好的项目策划。项目策划主要采用以下方法：

1. 调查研究法。一是收集信息，收集项目已经形成的书面资料；二是调研现场地形地貌、市政配套条件及周边居住情况；三是调研单位使用功能、后勤管理、教学管理、网络管理等需求；四是调研工期目标、质量目标等一系列目标诉求。

2. 系统分析法。结合调研成果，进行系统分析，从项目定位、建设管理模式、建设目标、建设标准、发承包模式、需求管理、风险管理、投资控制、进度控制等进行全方位分析并制定符合项目特点的策划方案。

3. 类似工程经验法。过往工程经验是可以借鉴的宝贵财富，如管理方法、数据资料、技术方案、参建单位履约能力等均可以借鉴。公司以前先进管理经验如技术创新、学习型组织、动态结算均被建设单位采纳。

4. 结果导向法。围绕工程所制定的质量、进度、安全、投资等目标，以及具体使用功能就是最终要实现的结果，全体参建单位都要围绕已经明确的结果来制定措施、分解任务，同时要在整个项目实施全过程进行监督纠偏，不可因为实施过程遇到困难和障碍就轻易调整目标。

（二）项目设计管理方法

设计阶段是决定项目建设品质、建设成本、建设工期及使用品质最为关键的阶段。项目开创性地采取了一系列管理方法。重点列举如下：

1. 统一设计法。统一设计法是指针对多个建筑单体或多家设计单位等情形，要求在主要通用专业设计上材料选用、节点设计、构造做法、色彩控制等方面采用统一标准。项目分别有3家方案设计和施工图设计单位、48栋建筑单体的特点，公司在建筑立面效果、通用节点做法、材料设备选型等方面进行统一管理并组织设计院出具统一设计手册。

2. 对比分析法。对比分析法是指针对同一设计内容，对拟采用的两种或两种以上方案进行技术、经济、工期分析，并确定一种合理实施方案。此方案在初步设计阶段应用较为广泛。在进行基础选型、结构选型、机电系统选型、各种材料选择时都会用到此方法。如项目园区高压供电方案，对双回路放射式供电方案和双回路树干式供电方案进行比选，从传输可靠性、施工便利性、经济性以及降低事故概率等多方位评估、论证，最终确定双回路树干式供电方案，在满足供电可靠性前提下，提高了施工便利性、降低了事故概率，较双回路放射式供电方案节约投资约1500万元（图1）。

3. 问题导向法。问题导向法是指在设计阶段，列出在同类项目中设计、施工、使用阶段经常出现的问题清单，逐

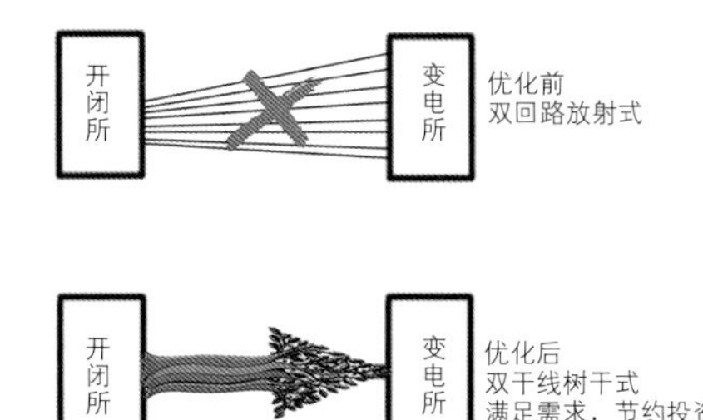

图1 双回路放射式和双回路树干式供电方案对比

一剖析，研究解决方案并在设计文件中予以落实。如在上床下桌宿舍布局中，传统设计仅在门口设置一个灯具开关，不方便学生就寝后关灯。围绕此问题，在与床位标高相当且学生就寝后触手可及的位置安装灯具开关，解决了关灯不便的痛点（图2）。

4. 全寿命周期设计法。全寿命周期法是指在设计阶段既要考虑建设成本的控制，也要在设计阶段考虑交付使用后的使用成本和维护成本。此方法主要适用于机电系统选型，也可应用于建筑和结构专业。如在项目图书馆需要设置除湿系统，通过对溶液式调湿机和工业除湿机进行对比分析，前者存在使用期间漏液腐蚀、异味难除等问题且维护成本高，而后者技术成熟、成本较低且维护更方便。

5. 多专业聚焦法。多专业聚焦法一般是指围绕特定专业设备，将与其相关配合内容列出清单并逐项分析，确定各专业具体设计内容。此方法多用于大中型设备或复杂工艺设备设计管理。如针对柴油发电机组，首先列出与其关联专业或内容清单：运输通道、楼板荷载、机房尺寸、机房装饰、油罐储藏、加油方式、烟气处理、噪声处理、振动处理、市电切换、灭火系统，然后针对上述清单逐项分解设计内容并集中会审，形成各专业共识，避免设计遗漏或存在设计缺陷。

6. 需求导向法。需求导向法是指通过调查研究建（构）筑物对各专业实际需求，然后确定具体专业设计内容，避免过度设计。此方法适用于建（构）筑空间规划、结构荷载、用电容量、空调冷热量等专业设计。如项目综合管廊工程，结合建筑分布、能源站点分布、各单体入廊管道需求，最终确定建设大环线+支线+局部管沟的集约型管廊方案，环线采用短立柱间隔型单仓方案（断面尺寸为3600mm×2300mm），支线采用小单仓方案和管沟结合（断面尺寸分别为2000mm×2300mm，1400mm×1550mm），其造价仅为市政综合管廊的20%。

7. 交叉审查法。交叉审查法是指关联专业之间存在互提条件或一个专业向其他一个或以上专业提条件，由相关联专业相互审查对方设计内容是否满足本专业需求。适用范围比较广，如设备专业需要与电气专业检查配电是否满足，智能化末端信息点是否按要求配备电源，机电专业需要建筑和结构专业复核管道井尺寸及预留洞口是否满足。

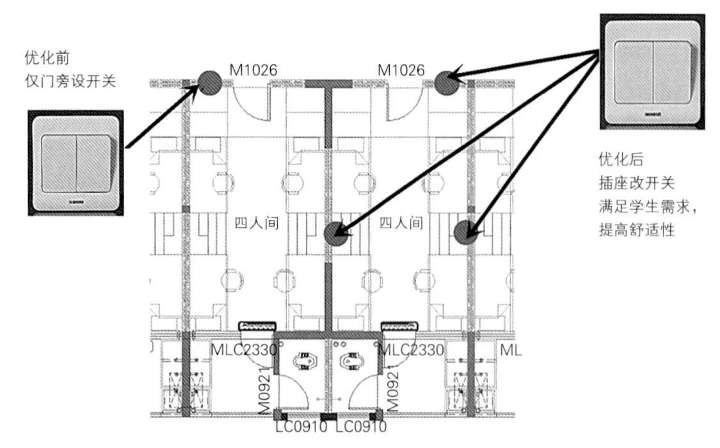

图2 优化灯具开关位置

（三）招标采购管理方法

1. 系统分析法。通过系统分析法确定三个施工总承包+若干专业分包的施工招标策划方案。分析近5年施工总承包合同额在5亿元、10亿元及20亿元以上分级情况；分析工务署近期施工总承包单位履约评价情况；分析项目设计进度情况，如室内装饰装修、动物房等实验室设计进度相对周期较长；分析大型园区工程网络、消防工程的统一性；分析土地整备实施进度等因素。

2. 市场调研法。对特定专业采取市场调研法选取优秀单位，如项目建设有国内最大的实验动物中心，业内专业设计单位少。项目部成立调研小组，收集实验动物中心建设案例，赴建成项目考察，邀请设计团队交流，通过招标条件设置，选定国内最优秀设计单位。

（四）现场管理方法

全过程工程咨询模式下的工程监理需要转变思路，创新方法，本文主要介绍几种较传统现场管理工作上的方法创新。

1. 监理工作向前延伸。监理工作从项目前期组织策划阶段即融入，从整体项目管理的角度全方位地了解和认识项目情况，参与到项目组织策划、建筑的功能定位、设计管理、招采管理等工作中，夯实监理工作基础。

2. 设计管理工作向后延伸。设计管理工作不局限于设计阶段的管理，在施工阶段，除了解决设计图纸中影响现场施工问题外，设计管理人员协同设计师通过调查现场、定期交流、多单体对比等方式，在施工阶段不断完善设计文件、提升设计品质。

3. 推行BIM模型验收法。机电安装工程需要进行BIM综合排布，最终形成BIM模型，但三维的BIM模型无法打印成图纸作为现场监理工作依据。针对这一情况，通过联合工作组共同确认 BIM 模型，形成轻量化文件，现场可以通过智能手机或平板电脑进行验收。

4. 模拟第三方巡查制度。针对深圳市建筑工务署委托第三方机构开展质量、安全巡查制度，为提升监理工作水平，积极响应工务署制度，除正常开展监理工作外，在监理日常工作中实施模拟第三方巡查对现场质量、安全进行评估。

四、全过程工程咨询服务项目管理成效

通过 3 年多实践，在项目管理工作中取得了一定成效，项目美誉度及影响力持续提升，已成为国内工程建设领域的标杆项目。

1. 策划方案开创工务署建设管理新模式，公司编制的策划方案作为范本在工务署推广，项目策划制度开创工务署全新管理模式。

2. 设计管理成效显著，引领工务署提升项目设计品质。公司设计管理团队，累计在不同设计阶段提出合理化意见和建议 6000 余条，质量通病预防建议 500 余条，优化重大技术方案 30 余项，为项目设计质量提升发挥了重要作用。尤其是关于设计管理的方法论，更是将工务署设计管理提升到一个新高度。

3. 招标管理择优理念落实到位，初步实现全链条择优目标，通过精心策划、合理组织、快速实施，在招标方式选择、招标模式创新等方面成效显著，实现了全链条择优的目标。

4. 造价管理成效，根据结算实施方案，首批交付工程约 20 亿元结算已办理完成，正在同步办理结算金额约 50 亿元。按照计划，可在工程完工后半年内结清。开创了工务署结算管理新模式。

5. 学习型组织成效，截至目前已累计组织各种形式培训学习 285 期，参训管理人员 1800 余人次、一线工人突破 10000 人次，将管理人员认知水平和一线工人操作能力推向一个新高度。学习型项目作为工务署项目学习亮点予以推广。

6. 党建工作成效，项目党建工作实现了将支部建在项目上，党旗飘在工地上，开展各类活动 100 余场，在疫情防控、安全管理、为务工人员办实事等方面成效显著。项目党群服务中心管理模式作为工务署项目予以推广。

五、已获荣誉和成绩

项目已累计获得各类奖项和荣誉逾百项，具代表性的有：项目策划方案获得中国工程咨询协会优秀咨询成果奖和浙江省工程咨询行业协会咨询成果一等奖；卫生间防水技术等 3 项技术获得广东省科学技术奖；深圳市房屋建筑工程质量评估 2019 年度第一名；被中国建筑业协会评为 2020 年度安全生产标准化项目；取得 BIM 管理类最高荣誉白金认证。工法 15 项，专利 18 项，发表论文 30 篇，出版专著 1 部。

项目作为住房和城乡建设部全过程工程咨询首批试点项目，公司本着引领行业发展的态度开展项目咨询工作，在增值服务、管理方法、理论创新等方面取得了良好成效。通过高起点的项目策划、精细化的设计管控、全链条择优的招标策略、标准化的现场管理，让项目在全过程工程咨询行业内达到了引领示范的标杆地位。

沂蒙抽水蓄能电站工程监理工作创新实践

郭朝辉　李建平　孙燎原
浙江华东工程咨询有限公司

摘　要：抽水蓄能电站是目前唯一具有规模性和经济性的电能贮存形式，是解决电网调峰调频及事故备用的最成熟工具，对提高电力安全稳定运行水平，促进节能减排和清洁能源消纳等具有重要意义。监理单位作为主要的参建方，在工程建设中发挥着重要的作用。本文结合在建的沂蒙抽水蓄能电站，对“新源模式”管理下监理的现状进行分析，并介绍监理在电站建设管理实践中取得的经验成果，为水电工程监理单位提供经验参考。

关键词：抽水蓄能电站；监理；管理；实践；创新

前言

抽水蓄能电站因其具有经济、环保、高效、转换速度快、调节性能灵活、容量变换幅度大、寿命时间长等优点，已成为当前最受青睐的储能方式之一。新源（国网新源控股有限公司）作为全球最大的抽水蓄能电站经营管理公司，负责开发建设和运营管理抽蓄电站，特别是自国家碳达峰、碳中和目标的提出，国家电网提出构建新型电力系统，加快抽水蓄能开发建设重要举措，“十四五”期间，将力争新增开工 2000 万 kW 以上、1000 亿元以上投资规模的抽水蓄能电站。工程监理作为参与建设的责任主体之一，对工程的安全、质量、进度、成本管控起着重要作用，随着国家政策的变化、施工技术的提高、信息化智能化的发展，监理单位只有提高技术水平，增强法律意识，不断创新，提高服务质量才能在当前抽蓄电站发展的窗口期实现重要突破。

一、“新源模式”抽蓄电站建设与监理

（一）“新源模式”分析

抽水蓄能电站相较于其他工程，具有建设周期长、涉及专业多、技术复杂、工程投资大等特点，通过近十几年来建成的第一批抽水蓄能电站的实践，新源在建设过程中全面推行业主负责制、招标投标制、工程监理制和合同管理制等现代化工程管理体系，并形成了一套行之有效的管理模式。

1. 采用“一级管控，两级管理”的模式，即人员调配、资金筹措、物资供应、招标采购等实行公司总部一级管控，具体项目建设过程中实行新源、项目公司两级管理，新源发挥对项目公司的统筹、协调、指导、支持和服务的作用，项目公司具有独立的法人，负责项目的安全、质量、投资、进度等目标控制，着力发挥项目业主的现场监督和主导作用。

2. 工程建设管理制度多，监督严格。在抽蓄电站的建设过程中，从工序验收一直到工程评优，新源制定了各项管理制度，并作为合同的一部分，对现场实施全面管控，以沂蒙施工合同为例，新源制度就多达 177 项。为确保制度的有效实施，新源实行工程建设全过程跟踪审计，每个季度第三方审计进驻项目现场，对各基建项目制度的实施情况进行全面审计。在严格的监管体系下，各项目公司对现场管控提出了较高的要求。

3. 强化监理管理，加大监理考核。按新源《工程建设监理管理手册》，各项

目每季度开展监理工作业绩考核、评定。新源对考评结果进行汇总、审核、分析，在新源公司基建管理信息系统（MIS）平台发布，并通报各监理单位。

4. 全面推行信息化管理。新源开发了功能强大的基建管理系统，基建智能管控系统涉及基建安全、质量、进度、合同、造价管理板块，对项目现场进行全方位管控。新源通过组织体系、运行模式、手段方式的不断完善创新，构建起了全面覆盖、持续有力的监管体系。在完善的制度、严格的监管体系下，项目公司在新源的基础上制定了标准更高的管理制度，对工程建设也提出了更高的要求，对工程管控涉入更深，建设过程中对监理能力也提出了较高的要求。

（二）抽蓄电站的监理现状

1. 随着各大流域梯级电站的落地实施，常规水电站的国内市场趋于饱和，水电监理的市场主要集中在抽蓄电站，竞争激烈，造成监理中标价偏低，低价中标造成监理无法配备高素质的管理人才及足够数量的监理人员。

2. 监理行业新技术应用不够，监理工作手段常规，不能针对抽蓄电站的特点和难点采用有效的创新手段，以提高工程建设管理水平。

3. 监理工作着眼于过程现场的监控和质量验收，对工程的整体把控不够，不能够站在业主的角度去考虑抽蓄电站的价值功能。

4. 因业主对工程造价、进度的管控涉入较深，监理在此方面管控的独立性受限，其作用不能在工程建设中充分体现。

5. 施工单位的能力偏低，现场施工主要依赖于分包队，监理过程管控难度增大。

二、沂蒙监理工作创新

山东沂蒙抽水蓄能电站总装机1200MW，安装4台单机容量300MW的单级混流可逆式水泵水轮机组，为大（Ⅰ）型一等工程，监理服务周期为111个月。监理进点后，即成立山东沂蒙抽水蓄能电站工程建设监理中心，下设施工部、技术部、合同部、安全环保部、办公室，采用矩阵式组织结构实施现场管理，并陆续成立党支部、工会、团支部。建设过程中，监理以党工团三个组织为依托，丰富员工业余生活的同时，提高人员业务能力，并在监理工作方式方法、内部管理上不断创新，以通过培养人才的进步，实现项目管理履约。

（一）监理工作方式方法的创新

1. 合同造价、安全管控部门与业主联署办公，加强过程沟通。监理计划合同部、安全部与业主的相关部门在一起进行联合办公，但不改变监理作为独立第三方的职能。此工作方式在工程造价管理方面，提高了工程造价工作质量，增强技术经济专业人员交流，缩短造价审批链条；在安全管理方面，缩短沟通流程，能及时消除隐患。

2. 强化班组建设。班组作为最基层的劳动和管理组织，对现场的施工质量起着直接的作用。建设过程中，监理要求施工单位对施工班组每天召开“班前会”，对当天施工项目的质量、安全注意事项进行交底，并将“班前会”召开情况发送到微信群内进行告知。监理每周还会对不同工种进行抽检考试，以确保班组人员施工技能及安全意识全员达标。

3. 监理主动作为，了解设计意图，对工程整体把控。电站建设周期长，工程复杂，监理在前期进场时与设计人员深入沟通，以更好了解设计意图，在建设过程中，凭借对工程整体把控和深入现场的基础，站在实现工程价值角度，提出可行性的优化方案，这样既有利于监理现场管控，也可增强业主的信任。以沂蒙电站为例，引水竖井深度达380m，原方案为设置施工中支洞，将导井分为两段进行施工，施工过程中，监理综合考虑施工工期、投资、安全风险后，向业主提出了取消支洞，采用反井钻机一次成井方案，经过实施，在安全、质量和工期上均取得良好效果。

4. 利用数字化平台，提高监理管控效率。目前，新源公司正大力推行数字化智能型电站建设，沂蒙电站在施工过程中建立了完善的视频监控系统，在大坝碾压过程中建立了混凝土碾压监控系统，监理在现场管控过程中充分利用业主监理的数字化平台对现场管控，提高了工作效率。为响应业主的智能化建设，监理也充分利用公司开发的“工程管家”管理系统，各单位所有的文件来往均通过此系统传达，实现了信息传递网络化，信息搜索智能化、监理无纸化办公。

5. 充分发挥党员模范带头作用，通过党建攻坚克难。党支部是基层政治力量的载体，是先进思想和行动的代表，沂蒙抽蓄电站的建设周期长，施工过程一直存在单元验收多次才能通过、施工人员习惯性违章等老大难问题。为切实解决现场问题，监理党支部在工区联合各参建单位党支部开展党建互联，由各单位的党员和入党积极分子共同建立施工班组联系点，深入一线班组开展安全培训教育、工程攻关克难、人文关怀等服务，此项工作的开展，对施工过程中存在问题的解决起到了积极的作用，既促进了党务工作人员深入工程一线熟悉工程建设，又促进了工程建设人员积极参与党的建设，提高了党建理论水平。

（二）监理内部管理创新

1. 完善监理内部考核制度，提高监理人员责任心。一个没有责任心的员工，是做不好监理工作的，为此需要坚持“制度管人、以人为本”的原则，完善考核制度，推行“下对上”“平行”“上对下”等多层次的考核方式，紧密内部组织管理。制定责任追究制度，对监理日常工作中出现的内外业“错漏”情况进行分层、分级定量考核，使监理人员养成良好的工作作风。制度完善和严格执行对项目的精细化管理起到了很好的作用。

2. 坚持“两会”并举工作策略。每天早晨去工地前，坚持每天“班前五分钟”和每周“部分负责人例会”制度。“班前五分钟”对当日重点事项进行强调、交底，现场监理人员集中开“班前会”，传达当天工作的注意事项及控制要点等，下班收班时再由现场监理向部门汇报当天“班前会”督办的工作落实情况及现场主要情况。“部分负责人例会”对上周工作进行总结和对下周工作重点进行部署，细化监理工作。此项举措的坚持推行，既保持了监理的精神风貌，也使得当天的监理工作成效显著提升。

3. “上下两头靠”，全面提高监理业务水平。作为独立的第三方，监理服务业主，管理施工单位，只有真正懂技术，才能在细节方面把控质量，进而站在工程的大角度去实现功能价值。为此监理从学习和实践入手，加强与业主沟通，站在业主角度，考虑实现工程功能价值，站在施工单位角度学习新技术，把握质量管控细节，把“审方案”变成“做方案”，把“审单价”变成“做单价”，在实践中提高人员素质和转变工作作风，进一步扎实监理业务质量。以监理的造价人员为例，面对现场施工新技术，在没有合适定额参考的时候，为防止双方扯皮，监理深入现场了解施工成本，主动地学习掌握施工工艺，先后测算了上水库工程大面积石方开挖的实际成本，下水库面板水泥砂浆翻模固坡、喷涂乳化沥青的实际成本等，理论与实际的结合不仅提高了监理人员自身的业务水平，也得到了业主的认可。

4. 积极传导企业文化，营造工地文化氛围。因监理费偏低，监理目前存在一个普遍的问题就是工资低、人员流动大，抽蓄电站施工场地远离城市，条件艰苦，此问题更为突出。为了留住人才，监理因地制宜地创建“工地文化氛围”，以党工团三个组织为依托，各有侧重又相互配合地开展工作。中心党支部通过开展“党员做表率、亮身份”、设立“意见反馈箱”、加强廉政教育力度等形式，营造风清气正的氛围；工会打造“职工之家”，利用工作空余时间、法定节假日，积极开展各项活动，按月组织员工过集体生日、关怀困难员工等，营造“温馨之家”；团建开展“享·青春的智慧”“青谈·项目文化”论坛，开展读书学习活动，并定期组织青年员工“一对一”面谈，关怀年轻人的思想动态，营造活泼严肃的学习氛围。

结语

抽水蓄能电站在未来具有广阔的市场前景，但随着科技水平的提高，业主管理需求的提升，常规的监理方式已不能满足市场的需要，沂蒙蓄能电站监理中心通过借用数字化管理平台实施现场管控、以党工团三个组织平台加强提升人员素质、在过程中积极与业主单位沟通等方式，在常规的监理方式上创新，在实践中取得成效的同时，把监理“工程管家”这个名号打响、打亮，意为健康科学地推动抽蓄电站监理行业的升级发展。

参考文献

[1] 高苏杰．抽水蓄能的责任[J]. 水电与抽水蓄能，2015，1（3）：1-6.
[2] 葛建义．城际铁路站房工程监理工作创新实践：以京雄城际铁路雄安站工程为例[J]. 建设监理，2020（12）：31-33，57.
[3] 王薛钢．第三方试验室“新源模式”探讨[J]. 水利建设与管理，2020（2）：65-67，72.

工程监理企业在承接政府购买监理巡查服务中的实践经验

——以沣东新城质监站管理监督建设项目为例

景亚杰

西安普迈项目管理有限公司

摘　要：政府购买监理巡查服务对监理企业转型升级提供了方向。本文以沣东新城质监站管理监督建设项目为例，通过对巡查问题、工作亮点以及项目存在问题及整改建议三方面进行总结与分析，帮助监理企业提升业务能力和拓宽管理视野，从而引导监理企业创新发展方向。

关键词：政府购买；巡查服务；创新发展

引言

2017 年，《关于促进工程监理行业转型升级创新发展的意见》，指出工程监理服务应向多元化水平发展，积极创新工程监理服务模式。2019 年 9 月，住房和城乡建设部下发《关于完善质量保障体系提升建筑工程品质的指导意见》，指出积极探索利用社会第三方力量进行评价，探索工程监理企业参与监管模式。2020 年 9 月，住房和城乡建设部下发《关于开展政府购买监理巡查服务试点的通知》，在江苏省苏州工业园区、浙江省台州市和衢州市、广东省广州市空港经济区与广州市重点公共建设项目管理中心代建项目试点开展政府购买监理巡查服务，强化政府对工程建设全过程的质量监管，提高工程监理行业服务能力。因此，每个监理企业都应积极创新监理服务模式，实现多元化发展。

一、企业服务能力

（一）企业概况

西安普迈项目管理有限公司成立于 1993 年，现拥有房屋建筑工程、市政公用工程监理甲级资质，公路工程、机电安装、水利水电、设备监理乙级资质，地质灾害治理工程监理丙级、人民防空工程监理丙级、工程造价咨询甲级、工程招标代理甲级、工程咨询丙级资质，可以为业主提供从项目立项到竣工验收阶段的咨询服务，包括投资咨询与前期策划、招标代理、造价咨询、监理服务、项目管理等工程咨询服务。到目前为止，公司的监理业务不仅实现了地域、专业、行业的跨越，更形成了高层建筑、高端酒店、大型综合商业体、园林绿化等多专业领域的品牌特色。

（二）人才队伍

普迈公司经过近 28 年的积淀，形成了独特的“普迈”文化，培养了一支高学历、高资质、高水平的工程建设咨询服务类人才队伍。目前公司拥有 1000 余人，其中高级职称 65 人、中级职称 485 人；注册监理工程师 152 名、注册造价工程师 19 名、注册咨询工程师（投资）7 名、一级注册建造师 17 名、注册招标师 5 人、注册设备监理师 5 人、注册安全工程师 11 名，省市级专业监理工程师 482 名。强大的人才队伍，为公司实现工程监理服务多元化发展奠定了坚实的基础。

二、实施案例

（一）项目概况

沣东新城质监站管理监督建设项目 123 个，监管面积超过 1300 万 m^2，分布在沣东新城建章、三桥、斗门、王寺、上林等五个区域。

（二）项目服务内容

受沣东新城建设工程质量安全监督站的委托，项目经理部对委托项目质量安全管理状况进行跟踪评估，并协助沣东新城质监站开展监督检查，督促施工现场严格依法依规组织安全生产和消除各类质量安全隐患，定期科学分析研判沣东新城建设项目质量安全管理状况，指出管理缺失，明确管理重点，提升管理水平，在各类现场质量安全事件中提供第三方技术支持，协助政府主管部门科学有效地开展监管工作。

（三）项目人员配置及岗位职责

项目经理负责全面工作，项目检查组配备巡查工程师6人，分为3个巡查组，每组2人，负责具体检查工作；资料员1人，负责资料整理归档、协助完善项目检查资料。为保证组织机构运行正常，由公司总工程师带领公司专家团队提供后台技术支持。为开展服务工作建立专门的专家库（50人），专业涵盖质量、安全、节能、设计、消防、特种设备等方面，为服务工作提供了强有力的技术保障。并且可在专家库中抽取专家，参与项目巡检，为项目检查组提供强有力的保障。

三、巡查成果

（一）巡查情况

2020年度累计检查712个项目，总建筑面积约8580万m^2，共形成检查日报710份（其中5月份保利和光晨悦项目一期、二期与质监站进行了联合检查，未单独出日报），周报33份，月评估报告8份。检查中发现问题4810项，内业问题1664项，防疫问题65项，质量问题943项，安全问题1916项，治污减霾问题222项。上报质监站重大安全隐患项目21个（次）。2020年收到整改回复报告698份，整改回复率98.2%。

（二）巡查问题

2020年5月至7月，内业问题呈先增后减的趋势，环比从增加241.5%至减少8.7%；防疫问题下降的趋势，环比从减少55.6%至减少41.7%；质量问题呈先上升后减少的趋势，环比从增加140.3%至减少38.9%；安全问题呈下降的趋势，环比从减少2.3%至减少20%；治污减霾问题呈下降的趋势，环比从减少15%至减少55.9%。

2020年7月至8月，内业问题呈上升趋势，环比增加6.8%；防疫问题呈上升趋势，环比增加42.9%；质量问题呈上升趋势，环比增加22%；安全问题呈上升趋势，环比增加19.7%；治污减霾问题呈上升趋势，环比增加93.3%。2020年8月至10月，内业问题呈下降趋势，环比从减少26.2%至减少46.8%；防疫问题呈下降趋势，环比从减少40%至减少50%；质量问题呈先上升后递减的趋势，环比从增加51.4%至减少17.3%；安全问题呈先增加后较少的趋势，环比从增加22.1%至减少26.3%；治污减霾问题呈稳步上升趋势，环比从增加17.2%至增加8.8%。

2020年10月至11月，内业问题呈上升趋势，环比增加4.1%；防疫问题呈下降趋势，环比减少100%；质量问题呈下降趋势，环比减少12.9%；安全问题呈上升趋势，环比增加2.2%；治污减霾问题呈下降趋势，环比减少37.8%。2020年11月至12月，内业问题呈上升趋势，环比增加25.8%；防疫问题无变化；质量问题呈下降趋势，环比减少15.7%；安全问题呈下降趋势，环比减少23.1%；治污减霾问题呈下降趋势，环比减少56.5%。

（三）巡查问题分析

2020年度巡查涉及的重大危险源为深基坑工程、工具式脚手架、悬挑架工程、塔吊、施工升降机等，总体施工情况安全可控。各项问题发展趋势基本平稳，有增有减，无居高不下问题项。质量、安全问题所占比重较大，其中质量问题中钢筋、混凝土方面所占比例较大，管理比较薄弱，检查中应作为关注重点。安全问题中临时用电、临边洞口防护方面问题所占比例较大，管理比较薄弱，检查中应重点关注，施工架体易导致群体伤亡事故，也应加强检查。

四、项目工作亮点

（一）保利一期一标

户内电箱接线工整，使用了防爆插头和重复接地，如图1所示。外墙拉杆洞统一做了防水处理，如图2所示。

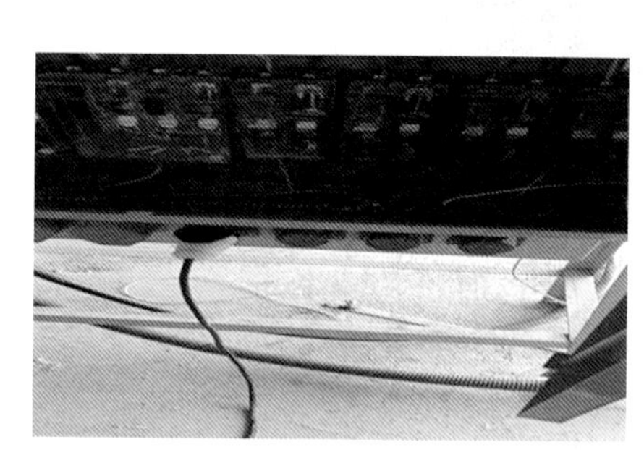

图1 户内电箱接线工整，使用了防爆插头和重复接地

图2 外墙拉杆洞统一做了防水处理

（二）文创大厦（中水电十五局）

现场布置、样板区，如图3所示。临边防护设置规范，如图4所示。

（三）保利二期二标（富利建设）

板面预留管有保护措施，如图5所示。剪力墙线管留置有预留槽，如图6所示。

（四）保利和光尘樾二期二标（富利建设）项目

塔吊连墙件每天有专人巡检并做记录，如图7所示。

图3 现场布置样板区

图4 临边防护设置规范

图5 板面预留管有保护措施

五、项目存在问题及整改建议

（一）项目存在问题

1. 施工单位内业资料存在共性问题。工程资料与现场实际进度不同步，尤其是安装资料；进场材料验收记录签字不全，缺项目负责人、技术负责人或材料员签字；进场材料质保资料收集不全，供货人、原件存放信息标注不全；需复试的材料复试报告未及时归档，材料一旦使用，发现检测报告结论不合格，因返工造成不必要的经济损失。

2. 施工单位安全资料存在共性问题。进场中小型机械的资料不齐全；在单位编写的临时用电方案中不符合编制人为现场电气工程师的要求，且编制内容均不符合施工现场的实际使用情况；单位安全帽、安全带、安全网等安全防护用品进场验收资料收集不齐全；施工单位灭火器等消防设施进场验收资料收集不齐全；施工单位进场钢管、扣件进场验收、复试资料不齐全。

图6 剪力墙线管留置有预留槽

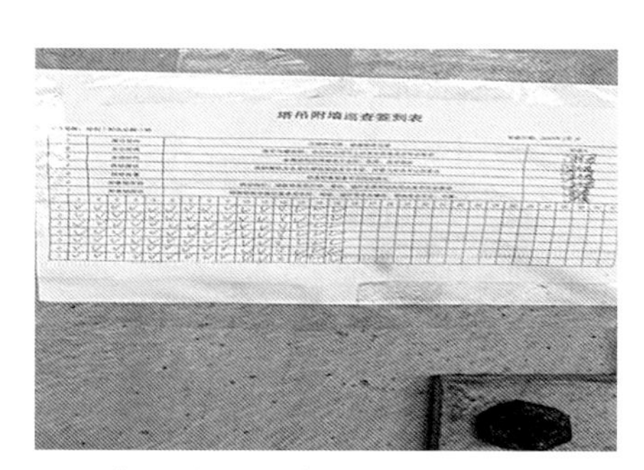

图7 塔吊连墙件每天有专人巡检并做记录

3. 施工现场存在质量缺陷共性问题。钢筋绑扎不到位或钢筋锈蚀，剪力墙拉钩数量不足或拉钩未回勾；混凝土现浇结构存在蜂窝、麻面、夹渣、渗漏现象；防水卷材施工存在空鼓现象或附加层设置不到位；混凝土同条件试块未与结构实体同层留置、养护；直螺纹丝头加工切头不平整、断丝，成品未采取保护措施，生锈；电渣压力焊焊接钢筋不同心，焊包不饱满；止水钢板焊接未采用双面焊，焊缝不饱满，长度不足；回填土未分层回填夯实，虚铺厚度过大，回填土中含有杂物等；砌体构造柱植筋移位，加密区箍筋设置不到位，砌体斜砖一次砌筑到顶，压墙筋不符合要求，混凝土浇筑振捣不密实。

4. 施工现场安全管理共性问题。施工区域临电的二级至三级箱配置不合理，或是三级电箱过少。施工区域的三级便携式电源箱配置不足导致末端设备接线过长；施工现场灭火器配置不足，尤其是作业层；高处作业外操作架、操作平台搭设不规范；外墙施工吊篮存在无人操作，未落地停放现象比较突出，人员有从吊篮自窗台进出楼层等违章作业现象；现场木工锯、钢筋加工机械部分无防护棚；现场安全警示标识牌不足。

5. 施工现场违反强制性条文的共性问题。临边、洞口防护不符合要求或未采取防护措施；配电箱内必须为三相五线制，现场个别项目部使用二级箱仅见四线，未见使用PE线，未正确设置零线端子或PE线端子；外防护架与模板支架连接；现场临时电缆电线未架空，也未埋地设置；脚手架剪刀撑未设置、未连续或未按施工方案搭设。

6. 监理单位存在的共性问题。监理单位旁站细则中的旁站内容不全面，该旁站的关键部位及工序，无旁站监理人员，监理旁站记录不详细，主要检查项、测试项数值未体现，未能体现旁站工作的价值；监理日志记录不详细，有总监未签字现象；监理安全检查记录及监理通知单时常出现未体现“定人、定时间、定措施”的三定要求，对施工单位整改回复复查不认真或未及时督促落实，未消除安全隐患。

（二）整改建议

1. 加大安全专项培训力度

项目部项目安全负责人应定期对各安全管理人员进行大型机械的进场及使用的安全专项培训（《起重机械安全监督管理规定》等），机械设备进场后按规范要求进行进场验收，核查机械设备质量证明文件是否齐全、有效，设备运转正常方可进场使用。

2. 规范材料进场验收程序

施工单位应加强材料进场验收工作，认真核查进场材料质保资料，按规范要求检测项目进行复检；制定进场材料取样计划，列明取样批次、组数、检测项目等相关内容，对试验人员做好交底工作，材料进场后逐项进行检查，质保资料不全严禁进场；联合验收合格的材料按规范要求复检项目填写委托单，见证取样送检，监理单位做好资料复核、材料验收、见证送检工作。

3. 加强施工质量过程控制

施工单位应加强施工质量过程控制，做好职工技术交底，严格按设计图纸及施工标准施工，认真落实“三检”制度，发现质量不合格项，及时落实整改，并制定预控措施，杜绝同类问题再次发生。

4. 加强对项目安全管理、应急管理等工作的实施力度

首先，施工单位应加强安全管理工作，对项目管理人员做好方案交底，对职工做好安全教育、安全技术交底工作，同时在施工过程中加强巡视检查频次。其次，施工单位应做好极端天气应对工作、应急物资准备工作以及认真落实疫情防控措施、治污减霾措施。最后，监理单位应定期检查应急物资储备情况，检查并督促施工单位落实防疫及治污减霾措施。

六、经验总结及心得体会

1. 在第三方巡查服务中，积极进行辖区内服务对象动态跟踪管理，并且针对每个项目进行档案管理，从而确保高质量完成服务工作。高质量的管理服务为完成监理服务工作奠定了基础。

2. 政府购买监理服务，主要以加强工程履约和质量安全风险防控为主线，针对建设项目重要部位、关键风险点、危大工程、建筑起重机械等特种设备、项目竣工环节等巡查工程参建各方履行质量安全责任的情况，并对质量安全隐患提出处置建议。通过对巡查过程中发现的问题进行总结，帮助监理企业对原有监理业务进行提升。政府购买监理服务对工程监理而言既是机遇也是挑战，对创新工程监理机制具有重大推动作用。

3. 全过程咨询是监理企业转型升级的大方向。全过程咨询不仅需要专业的平台，更需要全方位的专业型人才。政府购买监理服务，不仅从技术角度考虑项目重大质量安全隐患，而且需要考虑后续工作处置开展等情况，从而开阔了监理人员的视野，更加全方位开展巡查服务，为监理企业转型升级培养了优秀的人才队伍。

政府购买监理巡查服务，有助于构建“以政府监督为主，监理巡查为辅”的质量安全监管新模式。对于监理企业而言，监理企业需努力提高自身技术和服务水平，积极探索监理服务新模式，为迈向全过程工程咨询服务奠定基础。开展政府购买第三方服务，为工程企业转型升级提供了思路，为企业明确发展方向提供了帮助。

项目监理机构对工程质量控制、安全管理的经验分享

张玉良　张有奇　刘　杰　林恒旭

吉林建院工程建设监理咨询有限公司

摘　要：随着我国监理行业的不断发展、监理制度的不断完善，监理工作在工程建设中发挥着至关重要的作用，不因监理工作失误而造成重大质量、安全隐患或事故发生已成为每个监理人员的底线目标。本文结合公司“吉林省第二人民医院建设工程”项目的监理工作浅谈项目监理机构如何做好工程质量控制、安全管理工作。加强与参建各方的沟通协调，采取有针对性的措施妥善解决当前工作中经常遇到的问题，并不断学习新知识，掌握新技术，总结经验教训，培养监理人员的职业道德和敬业精神，提高专业技术水平和综合素质，营造一个和谐的工作氛围，这样有利于各项管理制度的落实，有利于贯彻质量方针，提高工程质量，保证安全生产。

关键词：监理工作；质量控制；安全管理

一、工程项目概况

（一）项目概况

工程名称：吉林省第二人民医院建设工程项目 1、2、3 号楼；工程地址：吉林省长春市锦湖大路以南、超越大街以西、丙十五街以东；开竣工日期：2016 年 4 月 30 日 —2020 年 5 月 15 日；质量等级：合格。

（二）工程规模

总建筑面积 133788.28m^2。其中，1 号楼：建筑面积为 123369.42m^2（地上面积 95855.42m^2，地下面积 27514m^2），地上 21 层、地下 2 层，局部 3 层；2 号楼：建筑面积为 6803.16m^2（地上面积 5532.29m^2，地下面积 1270.87m^2），地上 5 层、地下 1 层；3 号楼：建筑面积为 3615.70m^2（地上面积 1733.14m^2，地下面积 1882.56m^2），地上 2 层、地下 1 层。

（三）工程结构概况

基础形式：大功率长螺旋钻孔压注桩，预应力高强混凝土管桩；结构形式：高层部分为框架剪力墙结构，多层部分为框架结构；抗震等级：7 级。

二、项目监理机构对工程质量管控的具体措施

项目监理机构对工程质量的控制重点突出事前预控、事中检查，以预防为主。要求施工项目部在工程施工前，提前熟悉环境、图纸和相关的技术标准、规范、工程建设强制性标准以及当地文件精神、有关政府部门的要求等，做到知己知彼。同时，作为监理人员应加强审查相关内业资料，加强巡检、旁站和平行检查的力度，使工程顺利进行。

（一）质量控制的事前监理工作

1. 开工前，总监理工程师组织监理部成员认真学习有关建设工程的法律法规、工程建设强制性标准、监理合同，熟悉监理工作程序，组织各专业人员对设计文件等进行认真仔细研究，对施工承包合同进行深入学习，依据监理合同约定，遵循动态控制原理、预防为主的原则，制定相应的监理措施，采取旁站、巡视、平行检验、召开专题会等方式加

强交流和沟通，为即将开展的监理工作打下坚实的基础。

2. 要求施工单位上报公司资质证件、施工现场主要管理人员及特种作业人员资格证件，总监理工程师组织审查施工组织设计方案编审程序是否符合要求，进度计划、施工方案是否满足合同要求等。

3. 要求施工单位按专业做好内部图纸审核工作，将错、漏、碰、缺及不明确的问题做好记录报送项目监理机构，并在图纸会审中反馈给设计单位，确保施工前将图纸存在的疑问全部解决。

4. 对于重要的分部分项工程，施工单位编制有针对性的施工方案，经监理机构审批签认后方可实施。同时专业监理工程师根据监理规划、施工方案编制监理实施细则，经总监理工程师批准后按细则内容严格监理管控。为了防止或减少质量通病，要求施工单位事先提交可行、有效的质量通病防止措施。

5. 督促施工单位严格贯彻技术交底责任制，加强施工质量检查、监督和管理，减少质量通病的发生。对于参与工程施工操作的每一名工人来说，通过技术交底，才能真正了解各工种之间如何配合协作和工序交接，达到有序施工，以减少各种质量通病，提高施工质量和加快施工进度。工序施工前，要求施工单位做好技术交底工作，交底人及被交底人签字确认，并留存记录报项目监理机构，确保责任落实到人。

6. 现场监理人员对原材料、构配件及设备进场前进行严格把关，核查进场材料、设备的品牌是否与招标文件相符，规格、型号是否符合设计要求，检查质量保证书、试验检测报告和质量保证文件，项目监理机构严格履行工程材料进场检验，监督承包单位按约定的批量及频率对进场的工程材料与构配件进行抽样检验，对于质量不符合要求的工程材料与构配件，坚决要求退场处理，同时项目监理机构应对退场的过程进行监督并做记录留存。

7. 开工前，施工单位应根据建设单位提供的高程点，做好轴线引测、定位工作，报监理机构核验，同时要求施工单位做好轴线及水准点的保护工作。

（二）质量控制的事中监理工作

1. 建筑工程总体质量由许多工序质量所决定，为了达到单位工程的质量目标，控制每道工序的施工质量是首要环节和基础。本工程做到了每道工序完成经监理人员验收合格后方可进行下一道工序施工。因此，项目监理机构全体人员在工作岗位上付出了百分之百的时间和精力。通过旁站、巡视检查、平行检验，对检验批、分项、分部、单位工程和整体工程竣工验收等，全面监督、检查和控制施工过程质量。

2. 严把工序交接检验关，对重要工序、首次工序、隐蔽工程等实行全过程旁站监理，“盯”在现场监督，严格执行隐蔽工程验收制度，积极进行正常性的巡检工作。重点检查施工管理人员及作业人员按操作规程、作业指导书和技术交底进行施工的情况。根据施工单位制定的“工程质量通病防治专项方案”进行核查检验工作。

3. 在监理过程中如发现施工中存在重大质量隐患可能造成质量事故的，总监理工程师及时下达工程或部分工程暂停令，要求整改。整改完毕经监理人员复查，符合规定要求时，总监理工程师应及时下达复工令。总监理工程师下达的暂停令或复工令，均征得业主单位同意确认。

4. 严把分部分项工程、检验批、隐蔽工程和重要或关键工序的质量报验认可关。监理人员除现场巡视、平行检查、旁站外，必要时，对施工单位的自检质量进行抽检，工程资料收集与实体验收同步进行。对试块、取芯、动载、静载等，材料试验有一项报告未出结果的，不允许本部位先行验收，都按照程序进行了严格验收管理。

（三）质量控制的事后监理工作

1. 强化工程验收，在工序、检验批、分项分部工程、单位工程竣工验收时，监理人员详细核查所有资料和工程外观，使工程施工的各个环节包括原材料取样和试件试块见证取样都符合建设程序、设计要求和验收规范的规定，对验收中发现的问题，项目监理机构应以书面形式通知承包单位整改，督促施工单位制定相应的整改措施，专人负责跟踪落实。

2. 针对建筑实体发生质量缺陷的，不允许施工单位擅自处理，监理机构要求施工单位记录缺陷情况，编制处理方案，经监理机构同意后方可实施。对于较大的质量问题，方案要经设计单位认可后方可实施。监理人员跟踪处理过程，并参与验收。

3. 本工程内业资料基本与施工实际进度相符，个别时间段存在滞后现象，项目监理部均以监理通知单形式及时催促。

（四）质量控制案例分享

框架结构梁柱节点是框架结构的关键部位，节点构造复杂，钢筋绑扎密集，特别是中间柱子钢筋纵横交错，箍筋绑扎极为不便，给施工造成许多麻烦，稍有疏忽质量就难以保证。在实际施工中，梁、柱核心区也是出现质量问题最多的节点。

施工单位尝试过很多方法，质量控制的效果都不是很理想。为了解决操作技术难题，提高节点处柱箍筋安装质量，项目监理机构组织多次内部研讨，最终给施工单位提出的合理化建议是：采用梁、柱核心区对角焊接立杆，然后进行梁钢筋绑扎，待梁钢筋绑扎完毕后，整体落入模板内。这样既能保证节点处箍筋安装质量，又不影响各工序之间的穿插作业。

通过实践证明，此施工方法有效杜绝了梁柱核心区的质量通病，使工程质量大大提高。

三、项目监理机构对工程安全管理的具体办法

1. 本项目总监理工程师把最有责任心和现场实践经验的人安排在安全监理岗位，建立纵横交叉、全员参与的安全监理控制体系，将安全监理工作责任落实到点，落实到人，落实到监理控制程序中，形成现场监理机构人人讲安全、人人抓安全的氛围，通过日常巡查、定期安全检查，或通过专题会议，全方位地监控工地现场的安全生产。

2. 督促施工单位建立健全安全生产体系和安全保障体系（含应急救援预案），确保正常运转。每日检查安全生产责任制度、规章制度、隐患排查制度、安全生产教育培训制度和操作规程等执行情况，安全监理工程师带领其他专业监理工程师参加施工单位举办的应急救援演练并提出意见。

3. 总监理工程师组织、安全监理工程师牵头定期对施工现场进行安全隐患排查，重点检查危险性较大的分部分项工程、临时用电安全性、高空作业、临边洞口防护情况、特种作业施工情况、生活区用电设施安全情况等，如发现存在安全隐患，第一时间下发《安全隐患停工整改通知单》要求限期整改，经项目监理机构验收确认安全隐患已排除方可继续施工。

4. 总监理工程师定期组织所有人员对公司推送的安全监理工作文件进行学习、研讨，尤其对危险性较大的分部分项工程方面管理知识的学习，如《危险性较大的分部分项工程安全管理规定》《吉林省对危险性较大的分部分项工程安全管理实施细则》及公司自行编制的《危大工程监理导则》等文件的学习，每次学习项目监理机构都形成学习记录，一是加深印象，二是学习记录是公司考核的内容之一。目的就是提高全员的安全管控意识及安全监理水平，确保不因监理工作失误造成安全事故发生。

5. 每日安全巡检重点检查施工单位专职安全员到位情况，特殊工种作业人员，特别是电工、塔吊司机、架子工等持证上岗情况，重要设备运行和维修保养记录检查，以及对危险源的全面检查。

6. 总监理工程师要求监理人员要做到“四到”：“问题要看到、看到要说到、说到要写到、写到要跟到”，安全记录要与工程进展保持同步。安全隐患整改通知单、安全隐患整改回复单、安全检查记录表、监理日志等都是安全事故调查处理的重要依据，是监理人员自我保护的证明。安全监理资料做到了真实、有效、完整。

7. 安全管理案例分享。由于地下水位较高，加之多雨，在土方支护过程中，出现了边坡局部塌方现象，项目监理机构立即要求停止此处作业，在征得业主单位同意后下发工程暂停令，并责令施工单位分析塌方原因。召开安全隐患处理专题会，要求施工单位严格按土方开挖、基坑支护及降水专项施工方案进行施工，根据设计文件及施工方案再次明确将水位降至基底以下 0.5m，坡顶上弃土、堆载，使远离挖方土边缘 3 ~ 5m，土方开挖应自上而下分段分层依次进行，并随时做成一定坡势，以利泄水，避免先挖坡脚，造成坡体失稳，相邻基坑（槽）开挖，应遵循先深后浅，或同时进行的施工顺序。经过停工处理，顺利将此处安全隐患排除，未造成安全事故。

本工程经过参建各方共同努力，先后被评为 2016 年度长春市 A 级安全文明标准化示范工地、2016 年长春市标准化示范工地、2018 年吉林省标准化管理示范工地、2019 年吉林省建设工程长白山杯省优质工程一等奖等奖项。

四、公司对项目监理机构的管控

公司工程部根据公司内部制定的检查办法及《项目监理部工作检查表》《总监、专监绩效考核表》等内容定期对所有在建项目进行检查，重点检查监理机构对施工现场安全、质量方面的管理工作是否到位，并形成《项目监理部工作检查反馈意见》，将检查发现的问题及下一步关于质量、安全方面监理管控要点一并反馈给项目监理机构。

根据项目实际进展情况，对公司内部岗位推送文件及监理导则进行适时推送，并检查项目监理机构人员学习情况及执行落实情况。

公司已成立了专家组，对一线监理人员提供技术支持与指导，一线监理人员通过无人机、可视安全帽、监理通软件等信息化工具与公司专家进行实时沟通、互动，使问题及时解决。

浅析监理利用BIM技术提高项目机电安装管理质量

陈继东 刘 京 赵 晓
中晟宏宇工程咨询有限公司

摘 要：本文重点介绍监理机构在湖北省医养康复中心项目实践，利用BIM技术提高机电安装工程质量管控水平，供同行参考。

关键词：BIM技术；机电安装；质量效果

引言

BIM（建筑信息模型）技术在建筑行业的应用已经广为人知，其应用程度已经从前期的概念倡导走向了全面落地实施阶段。很多工程行业人士对于BIM技术仍存在一个认识误区，认为BIM技术就是三维可视化模型，其实可视化的三维建筑信息模型只是BIM技术应用的一个信息载体，BIM技术的实质是一种新型的管理手段。BIM技术应用可深可浅，既可以单点应用，又可以全阶段、全专业、全参与、全过程工程应用管理，根据项目投资预算BIM应用点、应用参建单位、应用阶段均可自由组合，发挥其应用价值。

一、项目概况

本项目新建8栋建筑，包括2栋养老综合楼、3栋养老服务综合楼、1栋康复养护综合楼、1栋养老示范综合楼和1栋锅炉房，总建筑面积121000m^2，其中地上部分建筑面积85882m^2，地下部分建筑面积35118m^2。

本项目机电工程专业齐全，包含建筑给水排水及采暖工程、通风与空调工程、建筑电气工程、消防工程、弱电及智能化工程、医用气体工程、医疗废水处理工程等多个专业；专业繁杂，管线众多，管线综合难度大；本项目质量目标为“鲁班奖”，质量标准高。同时，由于单体建筑多，功能分区复杂，导致核心机房管线分区多，排布难度大，且本项目定位为集医疗、养老、康养于一体的综合性医院，涉及众多医疗专业的协调配合，对监理单位现场管理提出了非常高的要求。

考虑到以上难点，本项目施工单位采用BIM技术进行深化布局模拟，坚持策划先行、样板引路的施工理念。监理单位优化内部管理模式，利用BIM技术作为管理手段，以BIM模型的深化审核工作为核心，以现场实施进行全方位的技术把控为手段，确保BIM技术的应用为本项目机电安装施工提质增效。

二、监理BIM技术实施管理路线

（一）优化项目监理机构的组织架构

公司项目监理机构针对本工程BIM技术应用阶段及应用深度，组建项目BIM团队，配备机电BIM监理工程师1人，由公司BIM研发中心提供技术支持，总监理工程师直接领导，机电专业监理工程师2人辅助管理。

（二）分阶段进行BIM技术质量管控的要点

1. 本项目BIM技术属于单点应用，仅涉及机电安装专业深化设计应用，因此项目监理机构在机电安装图纸会审前，借助BIM模型的搭建来辅助图纸会审，以提高设计质量。

2. 以BIM技术的可视化、模拟性来

辅助审核机电安装各专业施工方案的合理性。

3. 以 BIM 进度计划模拟辅助召开工地例会，协调机电安装各个专业工程的进场时间、完工时间、施工作业面，推进施工进度有序开展。

4. 以 BIM 可视化交底提高施工班组对施工工艺以及设计意图的理解程度。

5. 以 BIM 轻量化模型以及可视化的节点图来辅助监理工程师对机电安装工程进行验收。

三、BIM 模型辅助图纸会审提高设计质量

本项目的 BIM 模型深化搭建由施工单位完成，如何利用模型辅助图纸会审，确保会审工作的高效进行，在项目前期是参建各方亟待解决的问题。为此，公司 BIM 研发中心根据以往项目经验，结合本项目特点，辅助项目监理机构为本阶段的工作开展制定了严格的审核反馈机制。

（一）项目监理机构 BIM 图纸审核工作流程

1. 施工单位在搭建完 BIM 模型后，将 BIM 深化模型以及图纸问题报告至监理项目部。

2. 监理项目部依托其强大的专业知识和团队力量，由总监牵头组织机电 BIM 监理工程师与机电监理工程师对施工单位搭建的 BIM 模型进行图模一致性的审核。

3. 对其出具的问题报告进行复核，对于存在的问题予以指正并将成果返回修订，待审核合格后报设计单位进行图纸校核，设计单位对施工单位提交的问题报告进行回复，在征得建设单位同意后反馈至施工单位，最终形成图纸会审前期过程报告资料。

4. 由业主组织图纸会审，现场结合三维可视化模型复核图纸存疑问题，既提高了图纸设计的质量又提高了图纸会审的效率。

（二）项目监理机构利用 BIM 技术辅助图纸会审提出审核意见

1. 疗养走廊压抑问题优化

以 1 号养老综合楼的公共走廊为例，原设计综合管线底部标高为 2.5m，能满足吊顶标高为 2.45m 的需求，施工单位在 BIM 模型搭建时，按照设计标高进行模型搭建，项目监理机构结合以往其他医疗项目的管理经验，以及结合本项目的结构层高、管线综合情况等，重新组织建设、设计、施工等相关单位对管线进行排布调整，最终将净高调整为 2.7m，成型吊顶标高为 2.65m，实现吊顶标高提高 20cm，大大增加了公共区域的垂直净空，极大地提高了实际使用观感质量。

2. 管井设计过小问题优化

3 栋高层建筑的病房管井，原设计结构图纸中管井尺寸为 700mm×700mm，结合机电图纸审查内部管线包括 DN50 给水管道 1 根、DN50 热水管道 1 根、DN50 采暖立管 2 根，以及 DN100 污水立管及透气管各 2 根，同时在管井内还设置了 4 块水表，在结构设计中管井正中间部位设置 400mm×250mm 的结构梁。施工单位在进行 BIM 建模时，并未发现管井空间狭小、土建和机电多专业无法进行交叉施工，且无检修空间等重大问题。项目监理机构发现此问题后，及时和业主进行沟通，组织相关单位现场核定后，提出了如下修改方案：

一是扩大管井洞口尺寸，由原设计的 700mm×700mm 改为 850mm×850mm，在结构施工前确定完成后交由施工单位执行。

二是减少管井内的管道数量，将采暖立管移动至管井外，确保管井内的安装空间和后期的检修空间，为土建和机电管线的不合理布局问题提出可行的解决方案。

四、监理利用 BIM 审核施工方案提高施工方案的可行性

施工方案是工程建造的指导性文件，本项目的施工基本要求就是策划先行，策划的合理性还需要项目监理机构进行细致的审核。本项目已经做了 BIM 技术的应用，因此在审核施工方案时可以利用 BIM 模型进行延伸，开展相应的模拟，模拟施工方案的可行性。

（一）利用 BIM 技术审核施工方案的方式

1. 审核本方案是否符合相关技术规范要求，利用 BIM 技术的模拟性对本施工方案进行审查，对本施工方案的工艺流程、施工方法、技术措施以及应急预案是否合理进行模拟审查。

2. 以模型为基础，利用 Fuzor、Navisworks、Magicad 等相关 BIM 应用软件为媒介，机电安装 BIM 监理工程师组织项目监理机构开展验证施工方案是否合理的相关会议。

（二）项目监理机构利用 BIM 审核施工方案提高施工方案的可行性案例分析

1. 机电方案未考虑检修空间的问题

康复养护综合楼一层 1–2 轴交 B–C 轴的走廊宽度仅为 1.7m，水系统 DN80

以上管道有8条，桥架2条（尺寸400mm×200mm、300mm×200mm），排烟管800mm×320mm与排风管500mm×250mm各1条，施工单位的排布方案满足了业主对净高的要求，但未考虑到后期的检修空间，监理项目部利用BIM技术进行多方案的管线排布优化后均无法满足走廊检修空间需求，最终监理项目部建议复核排烟管尺寸，将排烟管调整为600mm×400mm，设计单位进行验算后采纳了监理的合理化建议，从而优化了施工方案，提高了安装质量以及排布的美观性。

2.机电排布及附件安装不合理的问题

监理工程师利用Revit以及Fuzor对养老示范综合楼管综方案进行漫游逐步排查审核，发现空调的供回水管无法避开排烟管时选择向上翻弯，存在漏设自动排气阀以及排气阀设置不合理现象，漏设排气阀易造成出水供水不畅而产生气泡影响空调使用功能；局部自动排气阀设置不合理，安装在排风管上方也就是翻弯管段的中部，甚至安装在桥架上方，易造成滴漏影响其他管段及设备。最终，监理针对这些问题提出了优化性的建议：保证供回水管的水流顺畅，必须翻弯时自动排气阀设置在翻弯处端部最高位置且不影响其他管件设备（图1、图2）。

五、利用BIM技术可视化技术交底提高建造质量

可视化是BIM技术的应用特点之一，也是众多项目运用BIM时都会用到的，但应用成效参差不齐，其很大的原因是制度不够健全且应用标准不够统一，相关内容在层层交底时受限于相关人员的技术水平、交底资料的直观程度等，交底的质量得不到保证。受业主委托，公司项目监理机构对本项目三维可视化交底及落地实施进行审核监督，公司根据项目的实际特点针对性地制定了相应实施方案，规范了交底实施流程及制度，拟定了交底应用标准并且全程参与技术交底。

1.交底成果的正确性。施工单位的交底BIM模型必须经过前期监理、业主审核通过。

2.交底工作的贯通性。复杂节点安装必须出具三维轴测图进行交底，利用三维轴测图及BIM模型交底可大大增加作业班组对管综排布的理解性。

3.施工工艺的准确性。复杂安装方案必须出具工艺模拟视频进行交底，对每道工序进行层层剖析，降低班组技术水平低及责任心不足带来的安装风险。

4.责任划分的明确性。对班组交底施工单位必须责任到人，制定相应的奖惩制度并对交底进行签字确认。

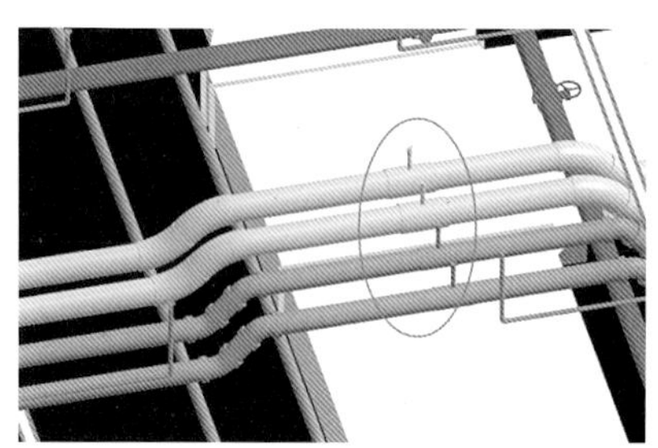

图1 原始方案自动排气阀设置

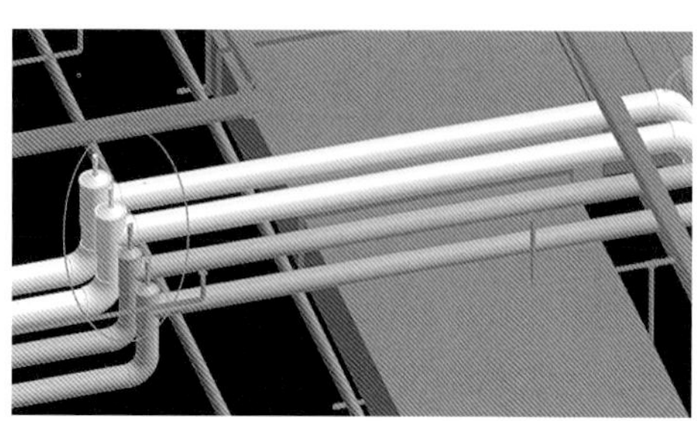

图2 优化后自动排气阀设置

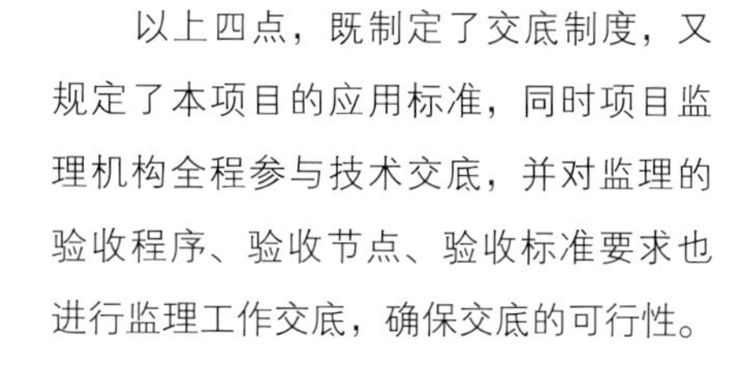

以上四点，既制定了交底制度，又规定了本项目的应用标准，同时项目监理机构全程参与技术交底，并对监理的验收程序、验收节点、验收标准要求也进行监理工作交底，确保交底的可行性。

六、监理工程师利用BIM进度模拟高效开展进度协调会议

机电安装工程是土建工程的一个大的分类，其中包含了建筑给水排水及采暖、通风与空调、建筑电气、智能建筑等若干分部，专业分包队伍较多，如果进度工作协调不好，不仅影响安装进度更会影响安装质量。各参建单位的穿插施工以及班组进场时间节点如果没有进行科学的策划管理，现场无序施工，先进场抢占好的作业面，拆墙、打孔重复多次，会导致质量管理失控。

本项目的解决办法是利用BIM技术辅助开展项管协调会议实现，前期的优化方案经过多方审核确定，通过BIM模型可视化的特点分析机电安装排布，确定先进场施工班组，划分施工区域，规划施工完成节点，以及作业面交接节点，按模型指导施工避免了打乱仗的现象，提高了穿插施工的效率，减少了施工过程中因无作业面而产生非必要翻弯，杜绝了对土建结构二次破坏的现象。

在传统模式下的沟通协调往往会存在耗时长、会议多、效果欠佳的情况，项目监理机构在进度控制以及进度协调会议上利用Fuzor或者Navisworks将计划进度与实际进度与BIM模型进行关联，更加直观地反映进度滞后节点，以及后期的影响，再结合关键线路与各参建单位沟通协调如何调整现场人材机的

调配实现进度的赶超。利用这种方法召开协调会议可以大大节省会议时间，提高沟通效率，并且现场就可以快速地模拟优化资源后的进度情况，是否能够满足预期的效果（图3）。项目监理机构利用BIM技术管理手段与现场实际施工管控相结合的工作模式，可以在最优施工方案确保施工质量的前提下加快推进现场的施工进度，缩短沟通协调耗时长且效率不高的问题。

七、监理工程师利用BIM技术辅助机电安装质量验收

BIM技术是一种新型的管理手段以及辅助施工的新技术，它的落地离不开项目监理机构的现场应用。本项目的项目监理机构采用BIM技术以及信息化的手段来辅助开展机电安装工程的质量验收，大大提高了验收的效率以及验收的质量，能够快速判断现场的施工是否与方案相匹配，是否与相关设计规范要求相匹配（图4）。主要采用了以下五种手段来辅助监理机电安装质量验收。

1. 利用BIM轻量化的平台在现场用平板电脑或手机直接查看已经审核通过的BIM深化模型，对比现场机电安装方案是否与深化模型一致，高效准确地对现场机电安装方案进行管控，可以大大降低后期管线安装拆改以及任意开洞所造成的质量、进度、成本上的损失。

2. 利用二维码现场扫描验收。专业监理工程师可以将BIM模型中复杂节点的三维轴测图输出为二维码进行现场检查，或者将复杂节点进行标注切图张贴在现场，均可以直观高效地对安装质量进行验收。

3. 利用监理单位后台BIM技术研发力量，将提前制作的机电安装控制要点的BIM虚拟视频对照现场实际安装进行质量验收，快速查找与安装规范不符的部位，进行现场整改。

4. 利用BIM信息模型作为载体，对施工材料及设备参数等数据进行便捷提取，确保施工与设计的一致性。

5. 利用手机质量巡查软件，结合BIM模型，现场对安装质量、施工安全等方面进行巡检记录，并反馈给各参建方，提升现场综合监管能力。

八、本项目BIM技术应用质量效果分析

本项目质量目标为“鲁班奖”工程，项目监理机构根据项目特点结合BIM模型对项目质量管控作了全方位的策划，要求对评奖中分值占比较大的施工部位作重点策划，作出亮点、精心施工、样板引路，强化过程质量控制，使用分阶段多次验收等方法，达到预期的策划效果。

（一）上人屋面的质量策划效果

对屋面综合管线进行BIM排布，尽可能地让施工单位利用花架上方空间，横向管件不落地，落地设备保证在同一水平线且基座水平高度一致，确保后期与屋面的砖缝对齐。机电安装方案优化后对屋面排砖进行策划，形成策划方案后对出屋面套管进行精准预埋，确保屋面构筑物及屋面管线和屋面排砖之间的协调美观。

（二）地下室核心机房的重点策划及效果

针对核心机房设备基础、管线进行BIM综合排布，并针对性优化组织相关单位进行审核确认，要求施工单位按照BIM方案进行专项交底，项目监理机构进行施工全过程监督，确保实际施工按照BIM方案执行（图5）。

（三）地下室综合布局方案重点策划及实施效果

施工单位按照原设计进行BIM管线综合后，经项目监理机构审核发现，未能最大限度利用梁下空间。为此，项目

图3 监理单位利用BIM技术开展进度协调会议

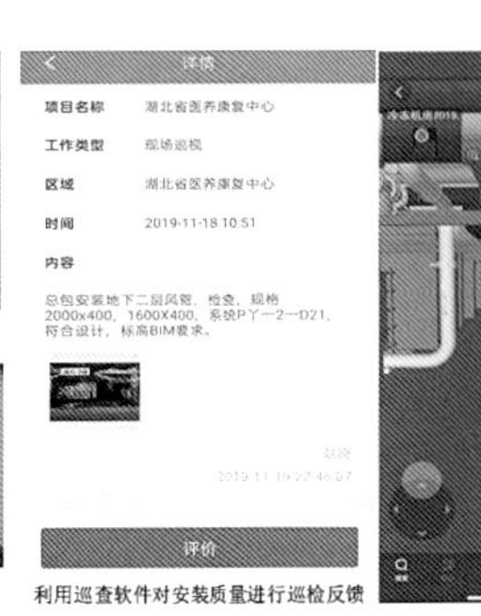

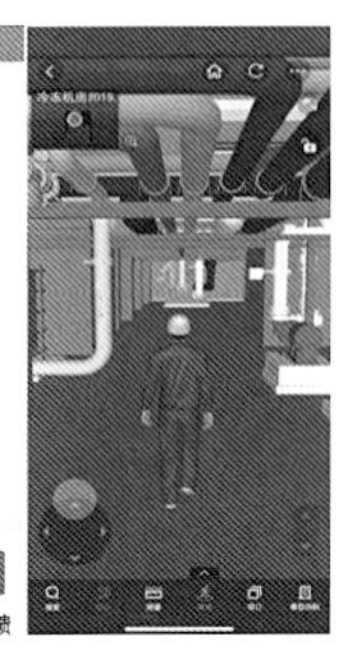

图4 利用BIM技术辅助机电安装质量验收

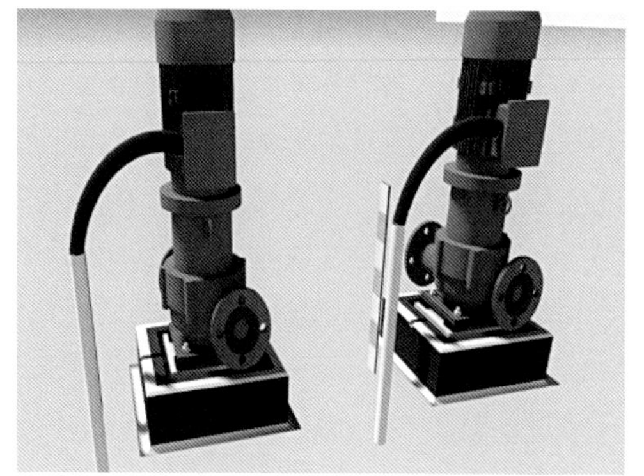

图5 生活热水机房BIM策划以及生活热水泵房BIM大样节点实施过程控制

监理机构提出 BIM 布局建议：一是管线布局需遵循小管让大管、有压管让无压管等基本管线布置原则；二是管线排布需层次分明，将喷淋管道放在最高层次，将风管放在最低层次，将水管及桥架等放在中间层次，同时将管线尽量优化至车位上方，将车道上方的净空尽量抬高，提高观感质量。

结语

湖北省医养康复中心的 BIM 技术属于单点应用，所涉及应用点以及参建单位不多，但极具落地性。监理采用 BIM 技术指导管理机电安装工作，深化设计提升设计问题 116 项，其中包括医疗废水管线路由排布、管井内部固定方案、锅炉房机电深化问题等；监理在 BIM 模型深化审核中提出问题 212 项；现场验收提出问题 73 项，其中涉及支架安装、管综排布、管道附件设置等方面问题。该项目已经进入装修尾期，机电安装工程的安装质量和效果得到了各方一致认可。

BIM 技术应用要避免华而不实，根据项目的体量、复杂程度以及投资情况，选择性地应用同样可以发挥 BIM 技术的潜在价值。监理单位在本项目中发挥出自身的专业优势，对 BIM 技术在机电安装方面的应用提出了全流程的监理工作方案，为 BIM 技术应用落地提供了保障，同时监理项目部也借助 BIM 技术的管理手段对现场机电安装进行质量验收，既提高了验收的效率，也提高了验收的质量。

应用创新思维实现建筑工程高效安全管理

冯海萍
山西震益工程建设监理有限公司

摘　要：当前建设系统安全形势非常严峻，安全生产工作事关人身安全、财产损失，安全管理责任重大。然而施工安全管理涉及面广、管理难度大。应用创新思维实现建筑工程高效安全管理具有非常重要的意义。总结多年工作实践，在安全管理中找准各自定位，实行双标准源头控制；严格控制危险性较大分部分项工程安全管理，提高安全管控效率；应用安全管控与工序控制紧密结合；落实安全管控环节，才能真正实现施工安全受控。

关键词：建筑工程安全；创新思维；高效安全管理；施工安全受控

建筑工程安全包括建筑物本身的使用安全和建筑工程施工过程中合同实施有关各方在现场工作人员的生命安全和财产安全。工程设计质量和施工质量直接影响工程本身的使用安全，二者缺一不可。作为工程监理，本文重点谈谈建筑如何运用创新思维来实现建筑安全工作的高效管理。

一、建筑工程施工安全管理的意义、责任与共识

建筑工程安全生产工作事关人身安全、财产损失。在建筑施工活动中，通过人、机、料、法、环等和谐运行，使施工过程中潜在的各种事故风险和伤害因素始终处于有效控制状态，切实保护工作人员的身体健康和生命安全，不仅是人类最基本的需要，更是社会稳定发展的前提、基础和保障。

随着我国工程建设步伐加大，各大城市中的高楼大厦、标志性建筑、道路、桥梁拔地而起，各大城市的面貌均发生了翻天覆地的变化，我们享受着日新月异带来的优越的生活，也倾听或经历过建筑工程安全事故导致的那些巨大的损失和惨痛的教训，提及建筑施工安全管理，行业的仁人志士们无不捏着一把汗，建筑工地每一位工作人员鲜活的生命都是那么可贵可敬，建筑施工安全管理责任重大。

当前建设系统的安全形势非常严峻。建筑规模大、建设周期长、工人劳动强度高，施工现场安全所涉及的设备设施配套程度不够、建设管理水平参差不齐、安全教育滞后、技术交底不全面或不到位等均可能给工程安全生产带来隐患。施工安全管理涉及面广，管理复杂、难度大。

二、高效安全管理中的点滴创新思维

（一）找准定位，双标准源头控制是关键

国家为了加强对工程建设活动的监督管理，维护公共利益和工程建设市场秩序，保证建设工程安全，制定了《安全生产法》《建筑法》《建设工程安全生产管理条例》《安全生产许可证条例》，明确规定了各参建单位、各管理岗位主

要责任人的安全管理法律责任及违规后应当承担的处罚。施工单位是安全生产的第一责任人，监理单位需承担相应的监理责任。施工单位属于主控单位，监理单位属于监控单位。无论建设单位对监理单位的期望和要求有多高，监理管理决不能代替施工单位的自主管理。而且实践证明：安全监理工作的重点是督促施工单位安全管理体系规范运行，只有把施工单位的安全自主管理发挥到位，施工安全才真正能够落到实处。

找准定位，双标准源头控制就是关键。有关法律法规规定：从事建筑活动的建筑施工企业应具备相应施工资质，并在其资质等级许可的范围内从事建筑活动；从事建筑工程的专业技术人员，应当依法取得相应的执业资格证书；企业资质、人员资格符合要求是一个项目安全规范管理的基础和保证。结合多年监理工作经验，监理单位在一个项目开工前，重点审核施工单位企业资质报审，审查施工单位安全生产责任体系的建立情况尤为关键。企业资质审核较为简单，主要核查资质等级、年检有效性、安全生产许可、营业范围等；安全生产责任体系建立包含内容较多，主要包括：①安全生产责任制的建立情况。安全生产责任制是施工单位最基本的一项安全制度，也是施工单位安全生产、劳动保护管理制度的核心。安全生产责任制的核心是清晰安全管理的责任界定，解决“谁来管，管什么，怎么管，承担什么责任”的问题，是施工单位安全生产规章制度建立的基础。安全生产责任制不仅要体现安全生产法律法规和政策方针的要求，与施工企业安全生产管理体制、机制协调一致，而且明确了各级负责人在安全生产过程中应履行的职责和应承担的责任。结合工作性质，做到事事有监督、检查有标准，责任明确、具体、有可操作性。②建立安全管理体系涉及的组织机构。结合工程规模设立管理岗位、明确责任人及联系电话。监理单位需审查各岗位人员的持证情况，重点审核项目经理的资格证书及其安全考核B证，专职安全员的配备数量、资格证书及其安全考核C证情况；另外，工程建设涉及的特种作业人员均须持证上岗，证书有效。

（二）严格控制危险性较大分部分项工程安全管理，提高安全管控效率

近年来，随着建筑工程建设项目任务不断增加，新技术、新工艺不断出现，建筑施工安全管理难度不断加大，工程安全隐患日益增多，安全事故不断发生，直接关系到人民群众的生命、财产安全，从而受到社会各界的广泛关注。许多事故中，危险性较大的分部分项工程数量较多、危害较大、控制难度较大。因此建筑工程危险性较大的分部分项工程安全管理是监理工作中需重点把控、严格管理的重中之重。现实管理工作中往往存在如建筑施工管理人员对工程中危险性较大的分部分项工程存在辨识能力弱、识别不全面、评估不到位、方案措施制定不够专业、论证措施实施不规范等问题，监理管理过程复杂、控制难度较大。

围绕建筑施工安全监理的目标“安全事故为零，施工安全处在受控状态”，结合多年监理工作经验，施工安全监理最有效的途径就是严格控制危险性较大分部分项工程施工安全，检查督促施工单位安全管理体系有效运行，才能使得施工安全真正处于受控状态。

《危险性较大的分部分项工程安全管理办法》（建质〔2009〕87号）中明确规定了7大类危险性较大分部分项工程范围及6大类超过一定规模的危险性较大的分部分项工程的范围。高层建筑涉及危险性较大的分部分项工程主要有土方开挖工程，模板工程及支撑体系，塔吊起重吊装及安装、拆除，施工电梯垂直运输，悬挑式或附着式脚手架，以及吊篮脚手架工程、卸料平台、建筑幕墙安装等。

施工单位在开工前需结合工程性质和规模进行危险源辨识，建立危险性较大分部分项工程清单及管理制度。除起重机械安拆工程、深基坑工程、附着式升降脚手架等专业工程实行分包（专项方案可由专业承包单位组织编制）外，专项方案均须由建筑总包单位进行编制，并应经施工单位技术部门组织本单位施工技术、安全、质量等部门的专业技术人员进行审核、签字。对于超过一定规模的危险性较大的分部分项工程，施工单位还应当组织专项方案的专家论证，根据专家意见修改完善方案，并认真组织实施。

监理单位需认真做好以下工作：①审核专项方案编制内容及审核流程，论证组织（必要时）的规范性，检查论证结果的实施情况；②督促施工单位进行专项方案的安全技术交底；③要求施工单位指派专人对专项方案实施情况进行现场监督和按规定实施必要的检测，便于及时发现危险及时撤离；④对规定需要验收的危险性较大的分部分项工程，督促施工单位组织有关人员进行验收；⑤编制监理规划、监理实施细则，并将危险性较大的分部分项工程列入其中；⑥对专项方案实施情况进行现场监理，督促施工单位严格实施专项方案，对不按专项方案实施的，口头通知

或下发《监理工程师通知单》责令施工单位整改，拒不整改的及时向建设单位报告，讲明安全隐患的危险程度及后果，征得建设单位同意后立即下发《工程暂停令》。

（三）落实安全管控环节，真正实现施工安全受控

1. 专项施工方案编审是重要前提

建筑施工由一道道工序构成，每道工序施工都有其施工技术和安全措施做支撑。针对工程特点和规模，施工单位在编制施工组织设计的基础上，针对危险性较大的分部分项工程单独编制专项施工方案（安全技术措施）。专项方案内容包括工程概况、编制依据、施工计划（施工进度计划、材料与设备计划）、施工工艺技术（技术参数、工艺流程、施工方法、检查验收）、施工安全保证措施（组织保障、技术措施、应急预案、监测监控）、劳动力计划（专职安全生产管理人员、特种作业人员）、计算书及相关图纸。监理单位审核其编制内容是否齐全，安全措施是否符合工序涉及的强制性条文及验收标准要求，是否有针对性和可操作性，编审流程是否符合有关规定。

施工安全与质量相互关联、有机结合。监理单位审批施工方案需重点审核：计算和验算所用材料规格是否与现场材料一致，荷载计算是否全面？是否考虑荷载、支撑变化造成的影响；存在交叉作业的需系统分析，重点审核交叉部分的危险源分析及相应安全措施的制定，安全措施是否具体、有可操作性。

2. 专项方案、安全措施技术交底不可缺失

为确保施工安全技术措施在施工过程中得到落实，施工单位需按不同层次、不同要求、不同方式组织专项方案、安全技术措施交底工作，使参与施工的人员了解工程概况、施工计划，掌握所从事工作的内容、操作方法、技术要求和安全措施等。

为确保安全施工，避免安全事故的发生，安全技术交底分如下步骤进行。

1）工程项目开工前，由施工组织设计编制人、审批人向参加施工的施工管理人员（存在分包的应包括分包单位现场负责人、安全管理人员）、班组长进行施工组织设计及安全技术措施交底。

2）分部分项工程施工前、专项安全施工方案实施前，由方案编制人会同施工员将安全技术措施、施工方法、施工工艺、施工中可能出现的危险因素、安全施工注意事项等向参加施工的全体管理人员（存在分包的应包括分包单位现场负责人、安全管理人员）、作业人员进行交底。

3）每道施工工序开始作业前，由项目技术负责人或施工员向班组长及全体作业人员进行安全技术交底。

4）新进场的工人参加施工作业前，由项目部安全人员进行交底。

安全技术交底分班前、班中进行。监理单位可检查施工单位的交底记录，查看交底内容、交底人、接底人的签字情况。

3. 专项方案、安全措施技术实施、检查是保障

施工安全方案、技术措施一经审批，切实地将安全措施落实到位才是施工安全的保障。施工单位作为施工安全的主控单位应当指定专人对专项方案的实施情况进行现场监督和按规定进行监测。发现未按照专项方案施工的，应当要求立即整改；施工单位技术负责人应当定期巡查专项方案的实施情况。对于按规定需验收的危险性较大的分部分项工程，及时组织验收。严格落实各项安全措施，开展自查自纠，提报安全措施自检记录，监理单位跟踪检查施工安全措施落实情况，签署检查验收意见。监理单位采用旁站、巡视、平行检验等方式进行检查，定期组织安全联合检查，组织安全检查与评价及隐患排查，发现违章操作，立即制止，及时督促消除安全隐患。

（四）安全管控与工序控制紧密结合

总结实践经验：严格执行上道工序未经验收合格不得进行下道工序施工；安全措施未落实到位，不得进行下道工序施工的原则。如在高层建筑施工中，地下车库设计层高往往在5m以上，梁截面、配筋量大，梁板模板支撑体系搭设质量、柱截面防胀模措施是监理控制的重点。在施工监理过程中，督促施工单位编制专项施工方案，并严格要求施工单位按照经审批合格的专项方案搭设模板支撑体系，模板支撑体系未经验收合格不得进行梁板支模绑筋工序施工，大大制约了工人急于赶工、盲目往前施工而造成模板支撑体系垮塌等安全隐患的发生。如施工电梯安装未经备案验收合格，不得投入使用，不得组织二次结构工序施工。多年实践应用工序控制严格落实安全措施，切实有效提高了安全管控效果。

总之，建筑施工安全管理错综复杂，安全责任重大，安全管控难度较大，必须保持清醒头脑、牢记使命，应用创新思维实现建筑工程高效安全管理，值得建筑施工单位、监理单位思考和应用。

工程监理企业参与政府（质量安全监督）采购项目的思考

赵晓波 郑旭日
中铁华铁工程设计集团有限公司

摘 要：本文主要论述工程监理企业转型升级及业务模式拓展延伸方向，监理企业参与政府（质量、安全监督）采购项目总体形势；调研分析监理企业参与政府质量安全监督采购项目实施情况，总结分析监理企业参与政府质量安全监督采购项目经验成果，分析总结政府采购第三方服务的效益。

关键词：监理企业；政府购买服务；质量安全监督；第三方服务

一、工程监理企业转型升级及业务模式拓展延伸的方向

2017 年，住房和城乡建设部颁布了《关于促进工程监理行业转型升级创新发展的意见》，文件中提出：鼓励支持工程监理企业为建设单位做好委托服务的同时，进一步拓展服务主体范围，积极为市场各方主体提供专业化服务。适应政府加强工程质量安全管理的工作要求，按照政府购买社会服务的方式，接受政府质量安全监督机构的委托，对工程项目关键环节、关键部位进行工程质量安全检查。进一步指出了监理企业作为专业咨询服务机构，接受政府质量安全监督机构委托开展质量安全检查的发展思路。

2019 年 9 月，住房和城乡建设部下发《关于完善质量保障体系提升建筑工程品质的指导意见》，进一步明确提出了探索工程监理企业参与监管的模式，强化了政府工程质量监管责任，解决了建筑工程质量管理面临的突出问题，从而完善质量保障体系，不断提升建筑工程品质。

2020 年 9 月，住房和城乡建设部下发《关于开展政府购买监理巡查服务试点的通知》，在江苏、浙江、广东三省的部分地区试点开展政府购买监理巡查，探索政府购买监理巡查服务的模式，为监理企业入选开展政府购买的监理巡查服务、发挥专业价值和优势指明了方向。该通知的发布，表明在工程安全和质量监督问题日益受到重视的当下，工程监理咨询行业将迎来新的发展机遇。如何在社会的重视下和政府购买服务的引导下，提升专业水平和监督能力，从而完成行业升级，值得深思。

广东省住房和城乡建设厅下发了《关于贯彻落实〈住房城乡建设部关于促进工程监理行业转型升级创新发展的意见〉的实施意见》，文件中明确提出：“鼓励以政府购买社会服务的方式，委托监理企业协助质量安全监管机构对工程项目进行工程质量安全监督。”

近年来，无论是提出由监理行业提供政府购买专业化服务的思路，还是试点实施政府购买监理巡查服务，都表明了政府购买监理巡查服务必将是推动建筑工程质量监督管理革新的重要举措，行业的深化改革势在必行。

二、工程监理企业参与政府（质量、安全监督）采购项目总体形势

建筑业在我国各行业中属于高危行业，每年都有大量的建筑安全事故发生并造成了严重的后果，如人身伤亡、财产损失。随着工程项目向着大型化、复

杂化的方向发展，施工过程中的安全隐患也在不断增加，一旦发生安全事故，后果将非常严重。

在国家大力推行政府向社会力量购买服务的形势下，建设工程安全生产监管也可以引入政府购买，推行政府购买服务，解决在监管过程中人员和技术力量不足的问题。政府购买服务按照一定方式和程序，交由具备条件的社会力量承担，并由政府根据服务数量和质量向其支付费用。同时引入竞争机制，通过政府购买公开招标，以合同、委托等方式向社会购买。

工程监理企业作为独立于建设单位和施工单位的第三方监管单位，由于职能属性，监理的重要性毋庸置疑，监理巡查的科学和规范，整个过程的科学和缜密，为工程安全带来有力保证。随着政府购买第三方服务需求的不断增大，使监督巡查工作更加社会化和市场化，促进监督巡查的规范性和专业性，让专业的人更好地发挥职能，扩大工程监理企业业务模式拓展延伸，为监理企业带来新的机遇。

作为工程监理咨询行业中的一员，工程监理企业必须清醒地认识到，开展政府购买监理巡查服务，不仅给行业带来新市场、注入新活力，而且考验监理企业的适应能力和抓机遇促发展能力。

三、政府购买服务的建设工程第三方检查的实践意义

（一）检查权与处罚权分离

政府监管过程中，主管部门可以对建设工程进行监督检查和行政处罚。检查权要求权利主体具有较高专业知识技能水平，行政处罚权则要求权利主体依法行政。主管部门购买第三方检查服务，即将其“检查权”部分权利委托给相应的专业公司和专家团队，发挥其技术性优势，双方配合，各尽其职。

（二）增强检查专业化

政府购买建设工程第三方检查服务，引入专业化工程咨询单位，设置“专家组”从事具体工作，让专业的人做专业的事，以弥补政府监管部门在专业技术上的不足，保证检查结果具体、真实，具有参考性。

（三）推进行政体制改革

在“全面深化改革”的大背景下，十八届三中全会明确提出了深化行政体制改革的方向，要求转变政府职能，建设服务型政府。在全面推行政府购买服务的环境中，提出购买建设工程第三方检查服务理念，不仅是大改革之下的一小步，也符合行政改革的“简政放权”思想。

四、监理企业参与政府（质量、安全监督）采购项目实践

结合具体的项目实践，以下以佛山市轨道交通工程质量安全监督管理服务项目为例，详细介绍佛山市轨道交通局购买第三方监督服务的工作模式与机制特点，探索改进方向、提出改进意见。

（一）质量安全监督服务项目概述

1. 项目背景

为全面加强佛山市轨道交通工程质量与施工安全监督管理工作，完善工程质量和施工安全监督体系，提升质量安全监督工作成效，根据中共中央、国务院、住房和城乡建设部相关文件的精神，佛山市轨道交通局经过与市相关部门反复沟通研究，于 2020 年 7 月通过政府购买服务方式，按延续性三年一个周期，采取公开招标方式委托中铁华铁工程设计集团有限公司组建佛山市轨道交通工程质量与施工安全监督服务部，是一种体制机制的创新，是一种工作方式方法的创新。

2020 年佛山市在建轨道交通工程项目共 5 个，共 130.4km，分别为佛山市城市轨道交通 2 号线一期工程、佛山市城市轨道交通 3 号线工程、广州地铁 7 号线一期工程西延顺德段、南海区新型公共交通工程、一汽大众铁路专用线项目。近期市规划建设城市轨道交通工程项目 4 个，共 130.3km，分别为佛山市城市轨道交通 2 号线二期、4 号线、11 号线和 13 号线工程；南海区规划投资建设城市轨道交通工程项目 1 个，共 9.9km，为里水有轨电车项目。

2. 项目服务内容

本项目为政府采购项目，服务于佛山市轨道交通工程施工项目质量安全监督管理，在采购人的指导下，直接履行项目质量、施工安全监督机构职责，相对独立开展工作。主要是“监帮促”服务性质，不承担行政处罚、许可、审批、备案等行政工作。

（二）监督检查内容

监督检查人员依据法律法规、技术规范、施工图纸和方案等，采用查阅资料、询问现场有关人员、抽查实物、第三方抽测实体等方式，对工程建设责任主体的质量和施工安全管理行为、工程实体质量、施工现场的安全生产状况以及安全生产标准化开展情况进行抽查，工程项目危险性较大分部分项工程和隐蔽工程施工质量应当作为重点抽查（测）内容。

（三）过程监督检查

过程质量安全监督检查主要以抽查

为主，其主要目的是掌握工程质量安全状况，纠正和处理施工过程中发现的质量安全、质量缺陷及安全隐患问题，督促工程责任主体健全质量安全管理体系，引导工程建设质量安全管理水平持续提高。

过程质量安全监督检查的重点是质量安全管理薄弱环节、危险性较大分部分项工程管理和涉及工程结构安全性、耐久性、主要使用功能的重要指标或关键部位；根据质量安全状况判定需要，可进行验证性检测。

过程质量安全监督检查分为综合检查、专项检查、日常巡查和监督抽检四种类型（以下简称“三查一检”）。

1. 综合检查是为全面掌握项目整体质量安全管理状况，对质量安全保障体系及其运行情况、质量和施工安全管理行为、工程实体质量、施工现场的安全生产状况和安全生产标准化开展情况等进行的全面检查。综合检查通过听取汇报、查阅资料、查看现场、询问核实及随机抽检等方式进行。

2. 专项检查是为深入掌握项目的特定环节、关键工序、重点部位的质量安全状况或对举报（投诉）采取的针对性检查，包括首次监督检查和事故发生后的安全生产条件核查等。

3. 日常巡查是为动态掌握项目施工现场质量安全管理状况，由监督人员根据在监项目进展情况安排的日常巡视性检查，重点检查危大工程和主体结构的施工管理状况。

4. 监督抽检是为验证原材料质量、工程实体质量和设备安全状况，委托服务单位开展的相关检测。

（四）监督检查工作计划与频率

1. 综合检查每年 1~2 次，一般针对在建工程量完成 10%~90% 的城市轨道交通工程。专项检查和日常巡查由监督部门根据项目的具体情况确定。

2. 过程监督检查频率应在项目监督计划中明确，可以根据实际情况进行适当合并调整，一般不低于每项目（标段）每季度检查 1 次的基本要求（停工 3 个月以上的项目除外）。

（五）监督检查一般程序

1. 了解项目情况。监督人员动态了解所监督项目控制性工程和关键施工工序的基本情况，形成现场施工作业面清单；结合日常监督管理的情况，初步判定项目管理水平。

2. 成立检查组。各类检查应根据检查内容和时间进行合理分组，原则上每次检查不得少于 2 人，必要时邀请专家参加。

3. 制定检查方案。检查方案应包括检查目的、检查内容、检查安排和检查结果处理等内容。

4. 开展现场检查。在施工现场组织召开碰头会，安排检查工作并进行分组，明确各参建单位配合人员并分组开展检查，及时整理汇总检查资料。

5. 反馈检查情况。检查工作结束后，检查组应及时反馈检查情况，下发检查整改通知书并提出整改要求；进行综合检查评比的，还应对项目及主要参建单位进行排名通报。

（六）检查发现问题的处理

1. 对质量安全保证体系不健全，质量安全行为欠规范，现场存在质量安全问题、质量通病和安全隐患的，由监督人员下达《限期整改通知书》，载明工程名称、抽查部位及数量、问题存在部位、问题描述、处理时限及要求等，责令限期整改。

2. 对质量安全保证体系混乱、质量安全行为不规范，危及某一单项工程质量安全、安全生产隐患排除前或排除过程中无法保证安全的，下达《停工整改通知书》，责令从危险区域内撤出作业人员。

3. 对存在重大质量问题或安全隐患、发生施工质量安全事故或重大险情、被有关部门挂牌督办或在一个计分周期内省市诚信扣分累计达到一定分值的，由监督部门组织对责任单位进行约谈，讨论分析确定整改措施及时限。

4. 对监督过程中发现责任单位存在违反相关法律法规、部门规章、标准规范或地方规定等不良行为或发生险情事故的，根据省市有关规定开展信用惩戒工作；涉及违反相关法律法规的，依法实施行政处罚和责任追究；对出现质量安全事故的，严格执行“四不放过”原则，并按国家相关规定处理。

（七）整改落实闭合

1. 针对检查发现的质量安全问题，建设单位应当组织相关责任单位举一反三、全面排查、系统整改。整改完成并经建设单位复查、汇总、审核通过后，报送《整改情况报告》。《整改情况报告》中应附有关证明材料、检测报告或者照片，确保整改的内容、程序闭合。

2. 责令停工或局部停工的项目（标段），责任单位整改到位并经建设单位组织核查通过后报监督人员现场复查，符合规定的发出《复工通知书》批准复工。

3. 对质量检查中发现的重大质量安全隐患或缺陷，建设单位应当组织参建各方查明原因、专项论证处置，并依据合同对责任单位和个人进行处罚追究，处罚追究情况应在《整改情况报告》中专项说明。

4. 监督人员对整改闭合情况进行跟踪，督促相关责任单位落实整改要求；根据实际需要，按一定频率和原则对建设单位复查后的整改情况进行抽查或者现场复核。

五、实践经验总结及改进建议

（一）政府购买监理巡查服务定位

监理巡查服务是以加强工程重大风险控制为主线，采用巡查、抽检等方式，针对建设项目重要部位、关键风险点，抽查工程参建各方履行质量安全责任情况，发现存在违法违规行为，对发现的质量安全隐患提出处置建议。主要服务内容包括：责任主体合法、合约有效性识别；危大工程巡查；特种设备、关键部位监测、检测；项目竣工环节巡查或抽检等。

（二）构建健全、完善、有效的质量安全监督服务体系

工程监理企业参与（质量、安全监督）采购项目，监理企业应具有监理综合或专业甲级资质，具有施工现场信息化监管手段和工程监测控制能力，并熟悉该区域地方标准和政策文件。监理企业应加大项目支持力度，逐步形成比较有效的、健全的管理体系。如何让各个科室有效、健全地运转，一是体系运转正常，二是管理方式方法。因地制宜、有针对性地打造适用于的监督服务体系及管理模式。

（三）提高站位，转变角色

以角色的转变促质量安全监督服务工作提质提效。工程监理企业的主要业务是监理、咨询，实施的项目大多以具体项目的实施为主，而工程质量安全监督服务项目更多地体现在面上，体现在管理服务上，对于监理企业而言可能是全新的业务，需要进场人员主动地加强学习，要站在政府的高度，站在政府监督的角度，站在推动和完善轨道交通质量安全管理提升的角度来思考、看待和处理问题或开展工作，及时转变角色，转变观念，提高站位，才能更好地履行好质量安全监督服务工作，对于企业来讲是业务的转型升级，对于个人来讲是综合能力的提升。

（四）注重实效

以工程质量安全水平的提升作为检验工作成效的标准。质量安全监督管理要以“不出重大问题”，特别是以不出重大质量安全事故作为必须牢牢坚守的底线；要以实体工程质量和施工安全保障能力的“双提升”作为工作的目标导向；结合开展的安全生产专项整治三年行动计划，促进质量安全治理能力和治理水平进行系统的提升。

（五）完善体系

以促进各方构建完善的质量安全保障体制机制作为推进工作的重要抓手。构建完善的管理体系、机制是保障工作落实的基本保障，按照国家有关规定，对工程质量安全监督体系，特别是组织体系保障有一系列文件精神要求，结合实际情况，逐步构建起自政府监督部门到建设单位、监理单位、施工单位直指施工班组的完整的、高效的质量监督体系和安全监督体系。以管理体系的构建为突破口，逐步总结形成一整套成熟的轨道交通工程质量安全监督管理的经验做法，形成一整套可复制、可推广的经验。

（六）抓住重点，突出薄弱环节、验收环节、关键环节、行为环节

1. 以抓重点、抓关键作为落实行业监管责任的主要发力点。抓工程项目高风险薄弱环节、地质风险薄弱环节、责任主体单位薄弱环节等，以点带面，剖析重点。

2. 抓验收环节。结构上的验收、地基承载力验收、功能验收，这是质量监督控制的重点。

3. 突出关键环节。广东是软弱地层，除此之外有没有其他薄弱环节，如联络通道、出入口这种容易出大事故的环节。监督服务部梳理受监项目关键环节，形成监督工作大纲。

4. 突出行为环节。突出责任主体包括建设、施工、监理、勘察、设计单位的一些行为问题、人员资质问题。

梳理质量安全监督各级岗位职责，做好人员分工，做到工作落实不越位、不错位、不缺位；实际工作中要善于抓重点、抓关键，用“一子落”而“全盘活”，实现“纲举目张”“四两拨千斤”的效果。

六、监理企业参与政府购买第三方服务的社会效益

（一）弥补政府主管部门监督力量不足

近年来，我国建筑业发展规模不断扩大，而政府部门由于受制于行政机构或事业单位性质的影响，尤其是事业单位去行政化改革和政府机构改革后，政府监管力量日益削弱，监管机构和监管人员数量并未随工程数量增加而同步增长，且各参建单位质量安全管理水平参差不齐，导致工程建设质量不稳定，过程监管难度较大。中共中央、国务院相关文件要求持续推进工程质量保障体系改革和完善，全面加强工程质量安全监

督管理工作，提升质量安全监督工作保障能力，建立完善专业化、职业化的专家型质量安全监督队伍，确保工程质量安全；政府购买监理企业等专业性强的社会单位提供第三方检查服务，可以很好地弥补政府主管部门力量不足的问题。

（二）促进建设工程管理规范化、标准化

通过第三方检查服务，制定合理的检查情况表及量化评分表，为政府主管部门统一检查标准、进行施工安全标准化监管工作提供技术支持；第三方检查单位在汇总安全隐患的同时，借鉴国内外的先进安全管理经验，提出针对性的解决方案，并跟踪施工工地进行改进，切实提高施工工地的安全管理水平，促进了建设工程管理的规范化和标准化。

（三）减少政府检查机构与参建单位冲突

工程质量安全监督制度是工程建设的基本制度之一，以往在政府监督检查过程中，政府检查机构的强势地位容易造成与参建单位个别人员的冲突，激化矛盾；监理企业参与政府（质量、安全监督）采购项目接受政府委托进行监督检查，处于中立地位，降低了行政手段。在进入现场检查、要求参建方提供资料、配合检查过程中，采取“监、帮、促”方式，与受检方易于沟通协商，有利于参建各方与政府检查机构协调，共建平安工程。

参考文献

[1]《住房和城乡建设部关于促进工程监理行业转型升级创新发展的意见》（建市〔2017〕145 号）.
[2]《国务院办公厅转发住房城乡建设部关于完善质量保障体系 提升建筑工程品质指导意见的通知》（国办函〔2019〕92 号）.
[3] 用高质量铸就中国建造品牌：《关于完善质量保障体系提升建筑工程品质的指导意见》解读.
[4]《住房和城乡建设部办公厅关于开展政府购买监理巡查服务试点的通知》（建办市函〔2020〕443 号）.
[5] 广东省住房和城乡建设厅关于贯彻落实《〈住房城乡建设部关于促进工程监理行业转型升级创新发展的意见〉的实施意见》（粤建市函〔2018〕339 号）.

新形势下工程监理服务品质提升的创新与实践

庞玺强　王　强　侯大伟
山东省交通工程监理咨询有限公司

摘　要：山东高速工程咨询集团立足监理咨询板块，深入贯彻山东高速集团公司发展理念，以集团公司“十四五”建设投资新布局为契机，迅速行动、精准定位，全力以赴投入集团高速公路建设及养护的热潮中。济潍高速总监办以“提升服务能力和服务水平”为出发点，凝心聚力，提高思想认识，深挖内在潜力、创新服务理念、强化服务意识，全面提升服务品质，着力打造“山高咨询”品牌新形象。

关键词：服务品质；质量安全；创新创优

一、监理咨询服务标准化

制定项目全生命周期，咨询服务标准化，确定驻地建设标准、确定管理目标，建立管理体系，明确管理制度，明确各类人员的职责，明确工作标准，制定工作程序，制定责任制，建立评价评估体系，制定责任追究制度，奖罚措施和问题改进办法严格执行。积极推进企业文化宣传，努力打造团队精神，提升公司管理水平和员工队伍素质，提高企业的创新力、形象力和核心竞争力。组织实施标准化体系建设和管理，推进“五化”建设，开展“品质工程”“平安工地”“绿色公路”建设。

二、服务体系网格化

（一）增强服务意识

服务意识决定服务的质量。高质量的监理服务就是要突出展示监理服务的管理水平、专业技术水平、职业道德水平和敬业精神。只有高质量的监理服务，才能赢得业主的信任和满意、施工单位的认可和社会的接受。面临着新形势、新情况，监理机构不能满足于现状，一定要着眼于长远发展，进一步增强服务意识，做好建设单位的参谋官，对施工单位做到超前提示、主动监理、监帮结合、创新工作思路方法，切实提高监理服务水平。

（二）找准服务方向，提前对接，全面掌握，提高执行力

1. 全面掌握项目前期信息，做好事前服务。从工程建设的初始阶段入手，积极主动参与到工程建设的准备工作之中。配合业主把工程建设的投资、进度、质量、合同控制等进行多维度、多层次逐级分解，形成具体的工作单元，然后根据各工作单元的具体需要提供翔实的计划与追踪数据。只有做好施工前的准备，服务到位，才能保证施工阶段更顺利地进行。

2. 切实抓好施工过程中存在的质量安全问题，提升项目的管理形象，提出质量安全“网格化”管控理念，实行质量安全“网格化”管控模式，加强对质量安全各个环节的管控。

3. 强化资源调度，确保总工期大局。进场后，组织各施工单位、驻地办进行日报填写、wbs 分解、大宗材料采购计划的培训，将上级领导的管理理念传达至每位技术人员，维护计划统计、计量支付智慧云系统的良好运转。通过巡视、专项检查、通报等手段，督促项目部工作面应开尽开。

4. 积极推进建设项目信息化管理。推动 BIM 技术、“互联网 +”、大数据等技术的运用，建立项目信息化管理系统，推广视频监控、工艺检测、安全预警、隐

蔽工程数据采集等设施设备在施工管理中的集成应用，实现施工现场和关键工序的远程管控，提升质量安全精准管控能力。

（三）完善责任体制，健全质量、安全、进度管理制度，加强对重难点部位的质量安全监管

1. 严格落实质量安全生产责任，通过建立健全有效的质量保证工作体系，对施工单位的人、机、料、法、环以及施工全过程进行检查、监督和管理，制止影响工程质量的各种不利因素。健全质量安全工作制度，开展安全生产风险评估，建立风险分级管控和隐患治理双重预防体系，提升应急处置能力（应急预案、应急演练），开展安全教育培训、四新推广应用（门禁系统，隧道内风险控制监控系统，桥面作业远程监控系统）。

2. 结合“平安工地”“两保两树”等活动，进一步提高对质量安全管理工作的认识，开展“建设平安工地”“安全示范工地”“安全生产月”等活动，把质量安全工作全面落实到施工现场中去。在施工现场设置安全生产体验馆，对作业人员展开实物体验，并针对不同人员、不同阶段、不同项目工程的特点，利用集中学习、播放视频、发放资料等多种手段宣传安全生产的重要性，切实提高参建人员安全生产的意识。

3. 严格落实质量安全标准化施工措施。对深基坑支挡围护、高墩柱施工平台搭设、梁板运输、梁板架设、挂篮施工、爆破工程等重点部位施工，制定切实可行、经济适用、安全系数高的安全措施，由总监办统一要求，确保现场施工安全。

4. 制定严格有效的质量安全生产考核管理办法，利用考核奖罚机制，督促质量安全生产。

5. 有效使用集团“随手拍”APP。全员加入集团“随手拍”APP，意在全员参与，齐抓共管，发现问题、隐患及时上传通报，并明确处理责任人，直至问题、隐患销号闭合。

（四）超前考虑，靠前作为，全面协调，形成管理合力

立足监理咨询板块主业，监理工作不仅是围绕工地现场进行监理工作，更多是为业主方提供全方位服务。主要措施如下：

1. 各级监理人员要靠前作为，严禁喊口号、走马观花等形式主义，深入一线，现场监理人员配备“工具包”（检测尺、图纸、验收标准等）实地掌握现场实际情况，做到超前提示，事前监理，有的放矢，心中有数，对症下药，及时解决问题。

2. 加强两级监理机构的竖向沟通，及时将现场质量安全动态汇报总监办，以便于总监办、项目办及时掌握现场实际情况，形成齐抓共管的管理合力。

3. 加强建设单位、施工单位及地方政府部门的联系与合作，争取各方面的大力支持；项目部各专业施工队伍密切配合，落实安全、质量、环境保护、水土保持措施，满足建设单位及当地政府的要求。

（五）推行监理工作标准化

1. 建立项目管理体系。总监办代表监理企业履行委托监理合同期间，根据公司监理企业规章制度，结合工程的特点和目标，制定内部的管理制度，如培训学习制度、工作会议制度、考勤制度、岗位分工负责制度等。

2. 制定监理标准文件。监理标准文件有利于统一监理服务标准，为高标准、高效率的监理计划和施工管理打下良好的基础，有效指导工程监理组织以标准化、规范化、精细化的方式开展监理工作。规范内业工作，总监办通过组织召开工程内业整理专题会议及专项施工方案集中办公，对内业整理的规范性作出统一要求。

（六）注重环境生态保护，提升工程绿色环保水平

1. 督促各参建单位建立环境保护管理体系，成立领导小组，制定环保实施方案，并严格执行环保“三同时”制度，落实施工现场扬尘治理“六个百分百”要求。

2. 加强施工期间环境监测、生态保护及水土保持措施的落实，重点施工区域安装 PM_{10} 扬尘在线实时监测系统，及时采取洒水降尘，杜绝扬尘超标，降低工程建设对环境的影响。注重资源节约，因地制宜地采取有效措施减少耕地和基本农田占用。通过动态优化布局，从材料堆放、设备停放、施工围挡、提升路容路貌等方面制定具体措施，切实提高项目环保、文明施工水平。

3. 注重节能减排。督促各参建单位加强设备使用管理，淘汰高能耗老旧设备，积极应用节能技术和清洁能源。

三、创新创优及亮点建设

开展创新创优及亮点建设提升工程品质，通过创新创优，不断提升工艺、装备的可靠性、先进性；通过技术攻关，施工和管理智能化、信息化、自动化水平显著提升；通过创新创优的实施，围绕确保工程建设达到“质量优、投资省、效益高、环境美”的总体目标，抓好分项工程的品质工程质量，制定完善可行的施工指导意见，将品质亮点工程创新创优取得的经验在公司内部进行推广和应用。

（一）创新创优及亮点建设基本要求

1. 将创新创优、亮点建设工作作为

品质工程创建的重要内容之一。

2. 成立微创新工作领导小组（与品质工程创建合并），制定创新鼓励机制。

（二）创新创优及亮点建设措施

1. 通过对设备、材料、工艺等的微改造，实现消除质量通病。以设备促工艺，以工艺促品质，加强设备使用管理，大力推广性能可靠、先进适用的新设备、新工艺，选用能耗低、工效高、工艺先进的施工机械设备。优化施工组织，合理安排工序，提高设备使用效率，提升工程品质。

2. 及时总结创新成果，通过评比、表彰、宣传等方式，将创新、亮点成果推广应用。编制微创新、亮点成果台账，记录相应的创新方法，形成企业创新手册或指南。

3. 开展施工和管理智能化、信息化、自动化创新工作，通过互联网技术实现工序验收、质量监督、监控量测、行政办公等的信息化。

四、党建廉政常态化

加强项目临时党支部建设，创建项目党建品牌，充分发挥党员先锋模范作用，推动党建工作和业务工作的深度融合。在坚持“围绕生产抓党建，抓好党建促生产”工作思路的基础上，不断加强党建与企业文化的互融共建。总监办党支部充分发挥战斗堡垒作用和先锋模范作用，引导党员干部在安全工作、生产经营中攻坚啃硬，率先垂范。通过党建引领，凝聚总监办党员干部员工心往一处想，劲往一处使，各部室、各岗位铆足干劲，争创业绩。为营造良好舆论氛围，总监办党支部要进一步加大新媒体的舆论工作力度，强化工作机制，突出重点，将宣传工作纳入日常工作当中，建立长效机制。正面引导宣传项目经营管理和安全生产，为提升党建廉政常态化提供强有力的舆论支持。

五、服务品质再提升

内部评价，根据制定的服务品质提升方案，内部评价方案的落实情况，制定具体的考核评价标准；对于已经落实的方案，分析出方案落实后产生的比较好的效果；对于没有落实的方案，具体分析未落实的原因，继续研究跟进，制定切实可行的方案及实施办法，根据制定的方案使服务品质再提升到一个更高的层次。

（一）找准服务方向

监理既可以贯穿于工程建设全过程的各个阶段，也可以是工程建设的某个阶段。不论是参与哪个阶段的工程监理，监理单位都要确立地位、摆正位置，才能有效地开展和搞好工程监理的工作。

1. 施工阶段服务，重在指导。高质量的监理服务就是要重点做好预控，要有预见性、前瞻性的计划、建议、措施和管理。通过对设计文件和施工方案的审查，结合工程的实际完善设计和施工方案，实现事前控制，严格按设计和规范要求进行全过程控制，把好验收关，保证工程质量。对设计复杂、施工难度大的项目，要能提供高技术含量的服务，及时进行工程现状调查分析、查阅相关技术资料、提出技术或管理建议，与各方共同开展攻关活动，发挥专业化技术服务的优势，提高监理工作的力度。

2. 提升监理文件与资料的管理工作。监理服务是一种工程管理行为，监理文件与资料作为管理行为的有形载体，产生于监理工作开展过程中，不仅是考核监理工作水平的重要依据，同时也是衡量监理服务质量的重要依据。具体管理过程中，首先要提升对施工单位资料监理的重视程度，从基础工作做起，在对施工材料进行严密审核的基础上，还要做好实体工程的检查，从而保证施工单位资料的准确性与真实性，施工资料作为日后施工单位质量责任的重要依据。

（二）提升服务素养

要创一流的监理服务，必须有一支高素质的一流队伍。高质量的监理服务，需要职业道德好、专业技术水平高、擅长项目管理、工作认真负责的高素质人才，只有全面提升监理服务水平，才能创品牌、树形象，赢得业主、承包商的信任，实现监理的服务功能，最终才能真正实现公路工程建设的全面、协调、可持续发展。

六、总结宣传系统化

组织各种形式的服务品质提升文化创建和宣传活动，营造全员参与创建服务品质提升的文化氛围。在项目驻地设立打造服务品质提升活动宣传展板、标语等有形化建设。在各类媒体上发表项目打造服务品质提升新闻宣传信息。并结合开展“质量月”“安全月”“平安工地”等活动，积极开展形式多样的宣传工作。

针对项目实际情况，参建单位提高认识和站位，担当作为、狠抓落实，找准工作开展的主线，制定切实可行的预防措施，明确责任，最大限度地提高监理的服务水平，发挥自身优势，凝心聚力提高思想认识，挖掘内在潜力，创新服务理念，强化服务意识，全面提升服务品质，着力打造集团公司监理服务形象，为顺利完成项目目标保驾护航。

试论监理企业高质量发展

秦永祥
武汉市工程建设全过程咨询与监理协会

摘 要：《中共中央关于制定国民经济和社会发展第十四个五年规划和二〇三五年远景目标的建议》提出，我国现已转向高质量发展阶段，明确了以推动高质量发展为主题的总体目标。监理企业高质量发展，既是深化我国建设工程领域供给侧结构性改革的外部需要，更是监理企业转型升级发展的内在需求。在这一形势面前，思考并全面认识监理企业高质量发展的基本内涵，厘清并不断探索高质量发展的思路和实现路径，是时代交给新时代监理人的一道必答题。

关键词：高质量发展；要素质量；核心竞争力；创新驱动；标准化信息化建设

引言

在监理行业30余年的发展进程中，行业“弱、散、乱”问题依然突出，监理企业核心竞争力不强、从业人员素质偏低、履职能力不足、行业恶性竞争和企业效益低位徘徊的现实窘境长期难以扭转。行业的问题和现状充分应验了党的十九大报告中提出的“发展不平衡、不充分的一些突出问题尚未解决，发展质量和效益还不高”的科学论断。

长期以来存在的行业问题，客观上是多数监理企业的共性问题。《住房和城乡建设部关于促进工程监理行业转型升级创新发展的意见》（建市〔2017〕145号），明确指出“行业组织结构更趋优化，形成以主要从事施工现场监理服务的企业为主体，以提供全过程工程咨询服务的综合性企业为骨干，各类工程监理企业分工合理、竞争有序、协调发展的行业布局。监理行业核心竞争力显著增强，培育一批智力密集型、技术复合型、管理集约型的大型工程建设咨询服务企业”，为监理企业的合理定位和高质量发展提供了政策指引。面临新的发展阶段，监理企业基于对国家宏观政策解读和行业环境的研判，深刻理解高质量发展内涵，落实创新发展举措更显迫切和重要。

一、监理企业高质量发展的背景

我国工程建设监理制度推行以来，监理行业得到了迅猛发展。监理作为工程建设五方责任主体之一，业已成为保证工程质量安全不可或缺的“关键少数”。

但我们也应该清晰地认识到，监理行业产业集中度不够，企业数量多，规模小、效益差、人才缺、能力低、实力弱是不争的事实。据2019年建设工程监理统计公报披露的数据分析，8469家监理企业中监理综合资质有210家；30家企业工程监理收入突破3亿元，72家企业工程监理收入超过2亿元，251家企业工程监理收入超过1亿元。监理百强头部企业中，规模少于1000人的占52家，其中人均年产值最低的仅为13.59万元／人。毋庸置疑，与勘察设计等行业比较，监理行业整体差距明显，也严重制约了监理企业的可持续健康发展。

企业在全面剖析自我，不断克服自身问题和强内功、补短板的同时，更需要高度重视国家政策导向、法规、行业主管部门监管方式、市场需求、技术进步等外部环境的变化对监理企业生存与发展带来的深刻影响。

随着政府持续推进深化改革和“放管服”步伐加快，监理的市场环境在完善招标投标制度、简化招标投标程序、推行电子化招标投标；简化企业资质类别和等级设置、强化个人执业资格和行业诚信机制建设；建立统一开放市场，取消各地、各行业不合理准入条件，打破区域市场准入壁垒；强化事中事后的动态监管，启用全国工程质量安全监管信息平台，推行“双随机、一公开”监管方式等诸多领域出台了一系列针对性的政策举措。

与此同时，为适应市场对综合性、跨阶段、一体化的咨询服务需求日益增强，国家对建设工程组织实施方式进行改革，2017年推出了全过程工程咨询模式。随着政府购买社会服务、第三方采购、质量保险制度等配套措施的出台和工程总承包EPC、PPP项目模式的推广，为监理企业服务主体多元化提供了更大空间。

伴随装配式建筑推广、建筑信息模型（BIM）技术应用和信息化、大数据、人工智能的运用，监理执业的技术环境正在发生翻天覆地的改变。依靠旁站、巡视、平行检验等传统的监理手段，“一张图、一把尺”开展监理，无法充分体现监理的高智力定位，更不能为监理赢得未来。

监理企业存在的唯一理由在于价值创造。生死一线间，关键看监理企业能否正视问题，顺应导向，有效应对，迈入高质量转型发展之路。

二、监理企业高质量发展的内涵

准确理解监理企业高质量发展的基本内涵，需要围绕“质”“量”“发展”三个维度，以及“质与量”“质量与发展”的关系方面分别加以剖析。

概括而言，监理企业“质”的外在呈现主要表现在咨询产品与服务的品质，即品牌的美誉度或影响力；“质”的内在表现主要是企业构成要素与公司治理的质量，即市场、人资、技术、资金、数据等要素资源与企业治理机制、管理体系、技术标准、管理手段等有机融合后达成的效果及核心竞争力。

企业的“量”，主要指企业规模、产品线构成、专业领域、市场分布与占有率、合同及产值、利润等。“发展”则是企业在追求品质提升和量级变化时呈现的成长趋势与速度。简言之，“发展”是建构在质量、效能和安全之上的速度。

日本有许多酒坊、茶铺、寿司店，专注一个领域精耕细作，传承百年不衰，原因在其世世代代对待品质精益求精，以“质”图存。而据统计，中国小企业的平均寿命约为3年，集团型企业仅有7年或8年。从根本上讲，企业衰败的原因在于缺乏“质”的保障，发展愈快，则死得愈快；但企业追求效益最大化是其存在的根本动机，没有“量”级的持续增长，何谈收益增加和发展壮大？须知发展才是解决企业一切问题的基础和关键。我国监理业快速发展30余年后的当下，要从关注规模和增长过程，转向关注增长的结果和增长的效益。“活下去、发展好”的课题需要监理企业研判宏观环境、行业发展趋势和不同商业模式利弊，平衡“质与量”“质量与发展”的辩证关系，落地因应之策，实现发展质量、结构、规模、速度、效益、安全相统一。

三、监理企业高质量发展的基本思路

（一）底线思维

处在行业政策和法规深度改革进程中的监理业，务必把握发展大势。社会主义市场经济环境下，企业要学通弄懂“政治经济学”这门必修课，明规矩、守底线。面对建筑业“放管服”改革，监理企业眼中不光要看到项目审批简化、企业资质放宽、监理市场放开、政府政策扶持和服务效率提高等有利因素，更应高度重视政府动态监管中与市场行为、质量安全责任主体落实相关的“双随机，一公开”、“四库一平台”全国建筑市场监管公共服务平台、红黑榜信用信息公示和行业信用评价等带来的强大威慑力。

（二）市场导向

围绕客户需求，提供高质量供给是新时代对监理企业提出的必然要求。客户需求心理无外乎“放心、省心、舒心”。监理人的专业能力、执业操守是客户放心委托项目的前提；主动作为，严格履约，提供高品质监理与咨询服务，用监理人的“尽心”为客户“省心”地推进项目目标顺利实现，是客户最大的愿望；有效沟通和超值服务，让客户“舒心”，是客户体验的至高境界，也是品牌美誉度的基石。以市场为导向，企业落实“以客户为中心，以项目为核心”理念，“三心”是监理人的不懈追求。

（三）创新驱动

监理企业对接客户需求的技术及人才匮乏、管理与服务能力不足，对接利益相关方机制不健全、内生动力不足，对接外部环境的意识与应对措施欠缺等诸多短板与问题的改善和最终解决，需要围绕理念与文化创新、盈利模式与经营创新、产品与技术创新、机制与管理创新、手段和信息化等方面，进一步释放企业创新活力，强化创新激励和创新成果转化。

监理企业高质量发展，首在理念创新，尤其是要摆脱“低成本、低效益”的惯性商业模式束缚。企业的发展阶段不同、资源禀赋各异，目标定位既可以选择做专做精，也可以结合自身比较优势和核心竞争力选择资本思维或平台化路径，整合内外部资源，推进跨区域化市场布局，拓宽了专业化咨询服务领域，开展全过程工程咨询及建设工程全生命周期关联专业的服务。

（四）人才战略

监理企业的各类要素资源中，人才是第一位。企业高智力定位和高质量发展需要高质量人才队伍支撑，监理企业人才“选、育、用、留”的机制和完善有效的人力资源体系才是企业的核心竞争力。基于以上认识，企业的人才梯队建设、人才战略需要多措并举，围绕企业文化建设引导、关怀人；围绕“学习型、知识型”平台建设培养、锻炼人；围绕企业机制与制度创新激励、选拔人；围绕精细化管理和量化考核评价、使用人，以期实现待遇留人、事业留人、文化留人。

（五）技术进步

2020 年 7 月，住房和城乡建设部等十三部委颁布的《关于推动智能建造与建筑工业化协同发展的指导意见》中提出“大力发展建筑工业化为载体，以数字化、智能化升级为动力，创新突破相关核心技术，加大智能建造在工程建设各环节应用”，监理企业能否跟上建筑业技术进步的时代步伐，最大化发挥监理作用，关键在于我们在信息化技术、互联网平台搭建、建筑信息模型（BIM）、智慧城市信息模型（CIM）、大数据赋能和智能化监控装备等新技术的集成与创新应用上的能力。

与此同时，在企业发展进程中，技术进步与技术创新还需要高度关注企业技术标准的建立与持续完善，以技术标准为核心，用企业标准指导和衡量人、产品、管理与服务，要通过标准的落地和不断优化，保障并逐步提高企业各要素、产品与服务的平均质量水平，实现可复制、可测量、可监控。

四、监理企业高质量发展的路径

（一）踏准时代节拍，明确企业定位

2019 年末，8469 家监理企业，从业人员 1295721 人，工程监理企业平均用工仅为 152 人。绝大多数监理企业服务范围局限于某一两个行业领域或某些特定阶段，难以满足为业主提供全方位、全过程咨询服务的需求，更谈不上服务“一带一路”和国际化发展需要。

黑格尔讲存在即合理，企业生存与发展的合理性体现在自身资源、比较优势与市场需求的适配。不同企业在充分认知自我基础上的定位，是指导企业应对外部环境变革，科学制定发展规划和确定企业治理结构、业务类型、市场模式和管理举措的前提。如果部分监理企业的市场资源、业绩、人才在某些专业领域极具竞争力，其高质量发展就需要尽己所能、力己所长，走稳走快专业化发展之路；骨干监理企业，规模和品牌影响力大，人才集聚度高，专业咨询覆盖面广，完全有条件成长为具有国际水平的全过程工程咨询企业，带动行业转型升级，体现行业担当。而更多中小企业，需要摒弃宁做鸡头、不做凤尾的观念，在积累资源、建构比较优势时，开阔视野和思路，采用差异化战略，通过联合经营、资产重组、并购等方式寻求发展空间。

（二）积聚企业资源，提高要素质量

资源通过企业治理体系的高效组织整合，凝聚成企业能力。企业的人、财、物等有形资源和市场、品牌、技术、数据、管理、文化等无形资源中，市场、技术、人力资源、数据是咨询企业要素资源。高质量的市场资源，预示着企业巨大的发展潜力。企业要坚持市场需求导向，依托企业主导业务、主打产品、拳头产品，围绕目标市场布局、重点客户关系管理、主要社会资源管理和经营活动内控管理，改善客户体验，增强客户黏度，汇聚优质市场资源。

监理与咨询业，以人才为核心资源。人才质与量的改善，需要通过职级薪酬体系设计、设立人才储备基金等机制，让一批高素质、懂技术、懂管理、懂经济的复合型人才进入企业；通过科学合理的股权架构设计、量化绩效考核、干部岗位竞聘制等激励与考核人；通过企业文化建设、内外部和线上线下培训、轮岗等引导、培养人，从而为企业持续发展积蓄动能。

对接政策倡导的全过程工程咨询、“新基建”、装配式建筑、绿色环保等服务模式或专业领域，监理企业在产品的服务标准、产品研发和 BIM 等技术应用领域，应统筹规划、加大投入，着力建立“产学研”一体的技术体系，构建并不断完善基于企业服务业务的技术标准“模版化”，运用标准化信息化手段为一线生产提供强有力的技术支持和大数据管理赋能。

（三）完善体系建设，发挥体系力量

企业价值实现的全过程，贯穿于市场体系的“为谁服务”、人力资源体系的“由谁服务”，技术研发和支持体系的“何种服务”“如何服务”，成本、品控、风控、考核评价体系的“服务效果”。品牌口碑实质是客户体验，最深切的客户感受源于产品及服务品质。

常言道“治大国，如烹小鲜”，各类要素资源是企业手中的食材，需要精挑细选；奉献给客户的产品与服务，像极了食客们眼前的菜肴，色香味俱佳方为上品；企业的市场体系、人力资源体系、技术体系、品控体系、成本与风险控制体系和文化体系，如同烹饪大师娴熟妙手的煎、炒、熘、炸各式技法；体系的力量，恰是食材和厨艺的完美结合。

（四）加强数智建设，推动转型发展

在以人工智能、大数据、物联网、5G等为代表的新一代信息技术在加速向各行业全面融合渗透过程中，建筑业作为国家支柱产业，智能建造与建筑工业化协同发展，建筑业数字化、智能化升级既是工程建造技术的变革创新，更是建筑业数字化转型升级的大势所趋。监理与建筑业关联度大、推进BIM在工程监理服务中的应用，不断提高工程监理信息化水平，实现信息技术与工程咨询专业技术的深度交融将成为监理行业高质量发展必不可缺的能力。

监理企业通过基于BIM技术应用、基于网络的协同平台搭建、移动终端系统和线上培训系统运用等积累的海量数据已成为支撑监理企业进步的重要资源，通过挖掘数据要素的价值，在监理企业管理赋能、实现工程建设项目全生命周期数据共享和信息化管理服务增值等方面发挥着关键的作用，提升了监理价值，为企业高质量发展注入了强劲动能。

结语

改革开放40余年来，高速发展的国家经济助力监理行业从无到有、从小到大。新时代，更需要监理人准确理解高质量发展的内涵，把握发展机遇，乘国家“十四五规划和2035远景目标”的东风，贯彻落实“坚持质量第一、效益优先，切实转变发展方式，推动监理咨询行业质量变革、效率变革、动力变革”指导方针，既注重企业专业化的精耕细作，也要加强企业的高质量发展向全过程工程咨询迈进。以史为鉴，积极作为，勇于探索，努力实现监理咨询行业由大到强的嬗变。

建筑工程监理行业建设探讨

田哲远
山西省建设监理有限公司

摘 要：随着建筑工程行业的快速发展，建筑工程监理的转型升级具有重要意义，创新建筑工程监理的方式，提高建筑工程监理标准化水平，可以发挥监理行业对建筑工程项目的保障作用，以及提高建筑工程企业的投资效益。监理行业应当紧紧把握市场趋势，创新监理服务模式，积极进行内部行业标准、监理方式与技术人才的建设工作，全面提高监理工作的规范性，大力开展监理创新服务工作，从而有效解决建筑工程监理中的问题。当前还要对建筑工程监理行业发展中的问题进行深入分析，重点研究工程监理转型升级的发展策略，从而达到全面提高建筑监理发展质量水平的目标。

关键词：建筑工程；监理行业；主要问题；发展建设

一、我国建筑工程监理行业的发展趋势

随着建筑工程项目越来越多，监理成为保证工程质量、促进工程项目顺利实施、防范工程施工风险的重要手段。现代建筑工程监理行业正在向纵深发展，要求监理能够从技术与服务方面创新发展，强调从单一施工阶段监理向全过程监理的方向发展。监理方需要为业主提供全过程、全方位的服务。要求监理人员具有信息化的工作能力，能够及时分析判断建筑工程的问题。

二、当前建筑工程监理行业存在的问题

（一）监理行业不规范

目前我国监理市场发展得较为迅速，但是监理方行为不规范问题普遍存在。一些较低资质的监理单位涉足建筑工程监理，监理的专业水平较低，建筑工程监理不公平竞争现象仍然存在，国家对监理市场的监理力度不足，目前监理行业制度体系、监理行业规范性待提高。

（二）监理人员素质低

有些监理人员不熟悉先进的监理服务方式，缺乏正确的监理工作理念，不具备主动提供监理服务的能力。监理工作方式方法相对落后，监理工作的创新性不足，不能基于建筑工程技术的进步创新监理工作的方式，监理工作的效率相对较低，未能基于监理岗位要求认真履行工作职责。

（三）监理标准较低

目前，我国建筑工程监理行业的标准化水平较低，监理工程监理的规范性不强，现有监理标准不符合建筑工程技术的发展趋势，监理的区域性差距较大，这在很大程度上导致监理操作随意性大、监理服务不到位、监理工作滞后，以及监理工作未能发现建筑工程潜在风险的情况。

（四）信息化监理不足

目前，我国建筑工程监理行业仍采用传统的监理方式，监理的创新性不足，不能及时进行数据信息传递，监理工作的专业性较低，监理数据信息传递不及时，监理工作未能构建广泛的各方面联系机制，由于数据信息传递不及时，严重影

响监理工作效率，监理效能相对较低。

三、建筑工程监理行业深化发展的措施

（一）优化建筑工程监理法规制度

为了促进建筑工程监理的市场化发展，推动建筑工程监理行业的转型，促进建筑工程监理走上标准化、规范化、科学化的道路，还要完善相关法规制度，大力建设监理工作的制度标准。政府职能部门应当研究建筑监理工作的得失，从以往典型案例中分析建筑工程监理行业的监管漏洞，及时修订建筑工程监理行业制度，调整监理工作的基本方法，推动建筑工程监理深化发展。大力优化建筑工程监理的工作内容，实现建筑工程监理服务多元化。从建筑工程监理行业服务的潜在对象出发拓展服务范围，严格约束建筑监理的工作方式，进一步明确具体的岗位职责，形成一个规范化的监理工作体系，依托制度法规约束建筑工程监理的深度执行。

（二）提高建筑工程监理人员素质

建筑工程监理工作具有极强的技术性，只有配置专业的监理人员队伍，不断提高监理人员的技术与职业道德水平，才能推动建筑工程监理工作的顺利实施。当下，监理单位还要大力引进专业的监理人才，重视提高监理人员的工作积极性，强调改进监理人员的管理方式与激励政策，促进建筑工程监理人员主动投身监理实践。例如，完善监理人员的激励与绩效考核制度，分析监理人员工作的得失，全面提高监理人员的工作热情，引导监理人员花费更多时间从事监理工作实践。积极强化监理人员的职业道德，对监理人员的工作实施信用评价登记制度，通过多种方法记录监理人员的工作行为。尤其防控监理人员存在作弊行为、失信行为、行业不道德行为等。加强监理工作人员专业技术的普及工作，积极加强新型监理方式方法的培训，促进监理人员积极学习新型工程技术，实现工程技术与监理能力同步提升。

（三）推动建筑工程监理的标准化

为了促进我国建筑工程监理行业的高质量、高效率和专业化发展，发挥监理方在保证建筑工程施工质量方面的积极作用，还要强化建筑工程监理标准的建设工作，尤其要重视根据行业发展的主流趋势修订建筑工程监理工作相关标准。例如，随着我国建筑工程监理行业的不断发展壮大，还要优化监理工作的收费标准，基于工程监理的内容与专业化程序合理规范监理收费额度，及时对监理价格进行调整，在倡导提供优质监理服务的基础上推动监理行业的健康发展。具体监理标准还要采用定量、定性、统一分析的方法，推动监理工作各环节做到规范化。在工程监理中实现绝对标准化，加强工程进度与质量控制水平，防止监理工作中的不规范现象。及时根据工程技术的发展变化修订监理标准，不断探索国家层面的行业标准建设。

（四）强化建筑工程施工安全监理

在建筑工程施工前应当了解该项工程的施工现状，分析建筑工程施工过程，监理师应当掌握施工技术、环境与不可控因素，分析可能导致建筑工程安全隐患的因素，针对可能出现的问题采用必要的预防与防控措施。遇到未知情况还要及时进行安全评估，根据评估结果判断施工技术是否可行。建筑工程监理工程师应当根据不同施工流程分析各个施工环节存在的危害，加强日常安全监管工作，制定具体的保护措施。建筑工程施工监理是一项技术性很强的工作，监理人员应当及时发现和排除施工现场的安全隐患，安全监理人员还要有预判分析意识，能够通过监理工作分析潜在的风险隐患。强调监理人员必须具备一定的安全技能，必须配置足够的现场安全施工监理人员，把安全监理作为日常监理工作的重要任务，确保安全监理有效实施。

（五）搭建建筑工程安全监理平台

为了促进建筑工程安全监理的深度实施，构建监理行业服务体系，切实发挥建筑工程安全监理服务工程施工方、设计方与建设方的作用，辅助政府监管部门有效实施监理，工程监理方还要建设服务资源和模式平台，积极促进工程监理行业的转型升级。首先，依据大数据技术与云存储技术建立工程监理数据信息平台，提高行业数据信息的处理能力，充分了解当前各方对监理数据信息的需要，及时针对性地进行监理数据信息供给。其次，监理工作具有较强的服务职能，还要完善数据信息优化控制理念，提高行业信息的咨询服务水平，满足服务对象的需求，转变行业监理的服务模式，推动行业服务的质量不断优化升级，提高行业监理服务的有效性。最后，加强数据信息的沟通交流，及时进行数据信息分析对比，提供更具有权威性、精准性的监理报告，基于信息平台及时与相关方进行沟通，从而推动建筑工程安全有序施工。

参考文献

[1] 毛志云．工程监理行业转型升级创新发展策略分析 [J]. 中国标准化，2018（24）：140–141．
[2] 郝振利，郭恩泽，孙婷婷，等．中型工程监理企业的现状及展望 [J]. 煤炭工程，2018，50（6）：151–153，157．
[3] 纪振洲．现阶段我国建设工程监理存在的主要问题及解决策略研究 [D]. 济南：山东大学，2014．

应用筑术云PDCA系统对大体积混凝土施工质量的管控

薛 楠 古 涛
永明项目管理有限公司

摘 要：本文聚焦秦创原西部科技创新港二期（中国丝路科创谷起步区）09单元建设项目，从项目工程概况出发，结合永明项目管理有限公司筑术云系统，充分阐述了如何对大体积混凝土施工进行PDCA循环质量管控，同时对筑术云也提出了新的功能建议，助力推动筑术云在业内的推广应用。

关键词：筑术云；大体积；混凝土；PDCA质量管控

引言

信息化建设与监理企业、行业的改革密切相关，是创新发展的关键节点；目前在项目建设设计阶段和建设过程中的施工已基本实现BIM信息化，若监理的监管手段落后于施工单位，则无法对施工现场进行有效监管，因此，要补强监理信息化短板，强化企业管理基础，使监理行业全面步入规范化、标准化、信息智能化的新阶段。

一、中国丝路科创谷起步区09单元项目概况

（一）西部科技创新港二期项目概况

西部科技创新港二期作为秦创原创新驱动平台建设的总窗口，总规划面积16.14km²，布局创新孵化、创新服务、中试基地、产业承接等8个功能板块，将建设成为集实验研发、高层次人才服务、科技中介与交易、文体休闲和城市公共服务等多功能于一体的创新转孵化基地和科创服务中心，打造产城融合、两链融合、协同创新、碳达峰碳中和的全方位创新示范区。

西部科技创新港二期共分A、B、C三个板块，目前A板块即为中国丝路科创谷起步区，该板块项目建设已全面启动，09单元位于该板块核心位置。

（二）中国丝路科创谷起步区09单元项目概况

中国丝路科创谷起步区09单元位于沣西新城科技路以北，科创谷五路以西，本工程拟建办公区、商业区、会议中心、创客中心、地下车库及设备用房等，包含地块A、B、C、D、E、G，总建筑面积约276562.19m²，地上建筑面积约171760.83m²，地下建筑面积104801.36m²。

09单元A、G区由5个单体及室外连廊组成，1号、3号、5号楼为多层现浇钢筋混凝土框架结构，建筑层数1号楼为地上5层，3号、5号楼为地上3层，地下均为2层（地下二层层高为3.8m，地下一层层高为6.4m），抗震等级二级；2号、4号楼为高层现浇钢筋混凝土框架—核心筒结构，建筑层数均为地上17层，地下2层，抗震等级一级；室外连廊为钢框架，抗震等级三级。设计±0.000绝对高程为395.100m。建筑面积83249.8m²，地上建筑面积53475.04m²，地下建筑面积29774.76m²。B、C区包含6~15号楼及地下车库，建筑层数为地上4~6层，地下为1层（层高4.55m），钢框架结构，抗震等级三级，设计±0.000绝对高程为394.200m。建筑面积68923.26m²，地上建筑面积42484.90m²，地下建筑面积26438.36m²。D、E区包含16

号、17号楼及地下车库，建筑层数16号楼为地上20层，框架—剪力墙结构，17号楼地上21层，框架—核心筒结构，地下均为2层（地下二层层高3.9m，地下一层层高3.8m），抗震等级二级，设计±0.000绝对高程为395.800m。建筑面积124652.40m^2，地上建筑面积72368.21m^2，地下建筑面积48588.24m^2，绿色建筑标准为二星级。

中国丝路科创谷起步区09单元项目建设单位为西咸新区丝路科元建设有限公司，由陕西建工沣西建设有限公司承建；监理单位为永明项目管理有限公司，工程质量目标为长安杯、安全文明目标为陕西省文明工地、绿色施工目标为陕西省绿色示范工程。

（三）中国丝路科创谷起步区09单元大体积混凝土施工概况

本项目大体积混凝土施工主要集中在2号、4号、16号、17号楼塔楼投影以下基础部分。大体积基础底板混凝土浇筑必须从汽车泵、混凝土运输罐车的配备，商品混凝土供货速度，混凝土罐车进场运输路线，浇筑班组及振捣手、振捣机具安排，混凝土浇筑分区、分层设计等方面进行调控，保障混凝土每小时浇筑100m^{3}左右，以确保施工段完成浇筑任务。

根据施工总进度计划及图纸、现场具体情况，基础底板施工时采用整体分层浇筑混凝土，总的浇筑顺序为由两端向中间依次浇筑，做好施工部署、施工准备，以及对施工工艺要求、安全文明施工要求、应急预案等各施工环节的质量控制，保证本项目大体积混凝土施工的工程质量。

二、筑术云

（一）筑术云概念

筑术云智能信息化管控平台包括一个中心（信息指挥中心）和六大系统。六大系统即移动协同办公系统、移动远程视频监控系统、移动多功能视频会议系统、移动专家在线系统、移动项目信息管理系统、移动远程教育培训系统，共由500多个功能模块组成。六大系统配置具有全方位支持、全天候管控、全过程留痕等智能信息化管理功能。最终以硬件软件化、软件服务化、服务运营化和运营规模化，为云计算打下牢固的数据基础；同时，提供系统的流程管控，汇总专业的交流方案，统计全流程的数据存储，对监理管控按照节点进行优化及控制。

（二）移动协同办公系统

可实现根据管理权限或工作需要随时授权；电脑、手机同时运行互不影响；关联单位授权接入、分享，协同工作。同时拥有电脑、手机手签功能；各类审批流程任意设定，超时提醒功能；重要事项电脑、手机提醒功能；完整的人力资源管理功能，且与专业账务管理软件兼容，结合用户实际可进行充分二次开发。

（三）移动远程视频监控系统

本系统监控点可根据用户需求任意设定；重要部位、关键节点能做到全天候监管，全方位留痕，任意保存；视频资料保留方式灵活多样（根据内容、时间、需要）；电脑、手机可同时登录，监管、显示互不影响。管理者可使用电脑、手机登录系统随时拍照、录像，追溯内容、时间任意设定。

（四）移动多功能视频会议系统

可实现会场可固定、可移动；会场数量不限，任意组网；多会场画面自由切换；移动远程多方培训；移动远程现场观摩交流；移动远程视频现场检查；移动远程定位考勤；协作单位授权入网互动等。

（五）移动专家在线系统

专家团队全天候在线，随时受理用户各类诉求。结合用户提出的具体问题，比较简单的及时给出合理化建议，比较复杂的由专家团队利用筑术云的全方位数据支持，适时给出权威性解决方案，并在线指导解决；对一些难度较大、用户一时没有能力解决的问题，专家团队根据具体情况，适时深入现场帮助研究解决。系统将各类问题和解决方案，即时整理成案例知识，提供给知识库供平台用户借鉴使用。

（六）移动项目信息管理系统

具有档案合同管理、招标投标管理、工程进度管理、工程质量管理、工程安全管理、人员与设备管理、工程费用（成本）管理等功能。

（七）移动远程教育培训系统

通过培训，使员工掌握“四会”：会熟练操作使用信息化系统；会用信息化系统管理企业、管控项目；会对外讲解介绍信息化系统及其应用效果；会用信息化系统拓展市场，承揽更多优质业务。

三、大体积混凝土质量管控要点

（一）大体积混凝土施工的质量通病

大体积混凝土具有结构体积大、承受荷载大、水泥水化热大、内部受力相对复杂等结构特点。在施工上，结构整体性要求高，一般要求整体浇筑，不留施工缝。基于以上特点，大体积混凝土易出现如下质量通病。

1. 施工冷缝。由于混凝土浇筑量大，在分层浇筑过程中，受到混凝土供给或水电、天气等因素的影响，前后分层没有控制在混凝土初凝之前，致使混凝土不能连续浇筑而出现冷缝。

2. 泌水现象。上、下浇筑层施工间隔时间较长，各分层之间产生泌水层，从而导致出现混凝土强度降低、脱皮、起砂等质量通病。

3. 温度裂缝。大体积混凝土浇筑早期内外温度差过大而产生两种温度裂缝。第一种是表面裂缝，浇筑后水化热大，受体积影响，水化热聚集在内部不易散发，而表面散热较快，形成内外温差，产生内压应力，而表面则产生拉应力，从而易出现裂缝。第二种是贯穿性裂缝，由于结构温差较大，若没有采取特殊施工措施，无法控制浇筑约束性，易导致拉应力超过混凝土的极限抗拉强度而在约束接触处产生裂缝，形成贯穿性裂缝。

（二）大体积混凝土原料质量控制

1. 混凝土配合比设计要求：对混凝土配合比设计既要保证设计强度，又要大幅度降低水化热；既要具有良好的和易性，又要降低水泥和水的用量。所以，施工中应选择合适的水泥，减少水泥用量，掺外加剂，控制水灰比。

2. 原材料质量控制：第一，尽量选用低热水泥（如矿渣水泥、粉煤灰水泥），减少水化热。但是，水化热低的矿渣水泥的析水性比其他水泥大，已出现泌水现象，因此在选用矿渣水泥时应尽量避免选择泌水性强的品种，并应在混凝土中掺入减水剂。在施工中，应及时排出析水或拌制一些干硬性混凝土均匀浇筑在析水处，用振捣器振实后，再继续浇筑上一层混凝土。在条件许可的情况下，应优先选用收缩性小或具有微膨胀性的水泥，其产生的预压应力，可在后期抵消温度徐变应力，减少混凝土内的拉应力，提高混凝土的抗裂能力。第二，适当掺加粉煤灰，以提高混凝土的抗渗性、耐久性，减少收缩，降低胶凝材料体系的水化热，提高混凝土的抗拉强度，抑制碱骨料反应，减少新拌混凝土的泌水等。第三，还应选级配良好的骨料。控制中砂比，杜绝使用海砂；粗骨料在可泵送情况下，选用粒径5~20mm连续级配石子，以减少混凝土收缩变形。第四，适当选用高效减水剂和引气剂，减少大体积混凝土单位用水量和胶凝材料用量，提高硬化混凝土的力学、热学、变形、耐久性等性能。

（三）大体积混凝土施工质量控制

1. 加强商品混凝土运输过程控制，严格控制每车的混凝土标号，坍落度，出厂时间、数量和到达地点的发料单据。待混凝土运到时，要求施工单位按程序验收，填写到达时间、混凝土坍落度、目前混凝土有无异常等情况。加强不定期抽检和浇筑旁站，如混凝土出现离析，必须进行二次搅拌。

2. 制定混凝土浇筑方案，大体积混凝土浇筑常采用的方法有以下3种。第一，全面分层。该方案适用于结构平面尺寸不大，从短边开始，沿长边推进。第二，分段分层。从底层开始，浇筑至一定距离后浇筑第二层，如此依次向前浇筑其他各层。该方案适用于单位时间内要求供应的混凝土较少，结构物厚度不太大而面积或长度较大的工程。第三，斜面分层。要求斜面的坡度不大于1/3，适用于结构的长度大大超过厚度3倍的情况。混凝土从浇筑层下端开始，逐渐上移（图1）。

3. 加强振捣，确保混凝土的密实

为确保混凝土的均匀和密实，提高混凝土的抗压强度，要求操作人员加强混凝土的振捣，插点均匀排列，按顺序振实不得遗漏，不宜过振，以表面呈现浮浆，平整和不再沉落为准；为了能排除混凝土因泌水在粗骨料、水平钢筋下部生成的水分和空隙，尚须进行二次振捣以提高混凝土与钢筋的握裹力，防止因混凝土沉落而出现裂缝，增加混凝土的密实度，使混凝土的抗压强度提高，从而提高混凝土的抗裂性。

4. 泌水处理与表面处理

由于大体积混凝土浇筑时泌水较多，上涌的泌水和浮浆顺混凝土斜面下流到坑底，再到集水井，然后通过集水井内的潜水泵排除到基坑外；待混凝土

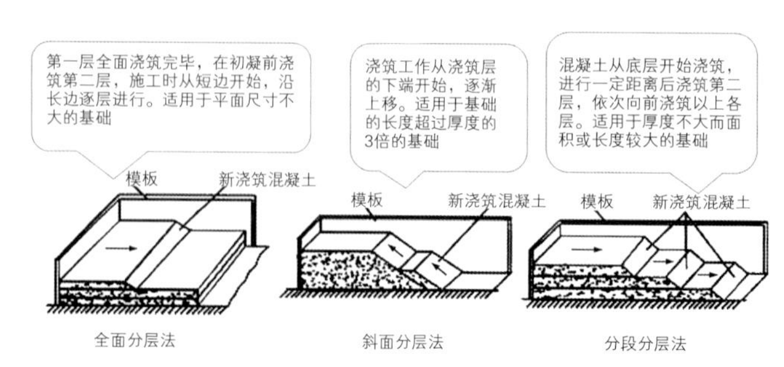

图1 大体积混凝土浇筑方法

浇筑至标高时，由于大体积泵送混凝土表面水泥浆较厚，要求施工单位进行抹平，防止表面产生微小裂缝，在初凝前二次压光，有效控制混凝土表面龟裂，增加防水抗裂效果。

5. 混凝土温度控制

为了降低混凝土的总温升，减少内外温差，控制混凝土出机温度和浇筑温度是一个很重要的措施。对混凝土出机温度影响最大的是石子及水的温度，砂次之，水泥的影响较小。因此，具体施工中可采取加冰拌和，砂石料遮阳覆盖，管道用草袋包裹洒水降温等技术措施。预埋水管是降低混凝土浇筑温度的有效措施。

大体积混凝土的养护分为保温和保湿养护。保温主要用于冬季，保证混凝土有足够的温度进行凝结硬化，同时水分不至于过早变为固态；保湿主要用于夏季，环境湿度高，混凝土中的水分容易变为水蒸气而不参与混凝土凝结硬化。对于大体积混凝土，保温保湿养护的时间不宜短于 14 天。

养护方法分为保温法和保湿法两种。为了使新浇筑的混凝土有适宜的硬化条件，防止在早期由于干缩而产生裂缝，大体积混凝土浇筑完毕后，应在 12 小时内加以覆盖和浇水。普通硅酸盐水泥拌制的混凝土养护时间不得少于 14 天；矿渣水泥、火山灰水泥等拌制的混凝土养护时间不得少于 21 天。大体积混凝土必须进行二次抹面工作，减少表面收缩裂缝。

大体积混凝土在保温保湿养护过程中，应对混凝土的内表温度、顶面及底面温度、室外温度进行监测，根据监测结果对养护措施及时调整，确保温控指标的要求。

四、利用筑术云 PDCA 系统对大体积混凝土施工质量的管控（以中国丝路科创谷起步区 09 单元 4 号为例）

（一）PDCA 质量管理的概念

PDCA 循环是美国质量管理专家沃特·阿曼德·休哈特首先提出的，由戴明采纳、宣传，获得普及，所以又称戴明环。全面质量管理的思想基础和方法依据就是 PDCA 循环，PDCA 循环的含义是将质量管理分为四个阶段，即计划（Plan）、执行（Do）、检查（Check）和处理（Act）。

在质量管理活动中，要求各项工作按照作出计划、计划实施、检查实施效果的流程开展，然后将成功的纳入标准，不成功的留待下一循环去解决。这一工作方法是质量管理的基本方法，也是企业管理各项工作的一般规律。该管理方法对建设工程施工过程管控有着指导性意义。

下一节将以中国丝路科创谷起步区 09 单元 A、G 区域 4 号楼基础筏板的大体积混凝土施工为例，通过筑术云按照 PDCA 循环流程进行过程质量管控。

（二）筑术云在计划（Plan）过程中的运用

PDCA 循环管理的第一步是计划制定，以事前控制、施工方案、监理细则为先为原则，就施工单位上报的《大体积混凝土施工方案》，利用筑术云平台的移动互联网专家在线系统，向专家发布任务，寻求专业的方案审核，以及编制系统化的《大体积混凝土监理细则》，确保 4 号楼筏板的大体积混凝土施工质量管控符合设计、规范要求，符合实际工程需求，确保事前控制做到专业化、详尽化、实用化。

专家团队利用筑术云的全方位数据支持，给予权威化解决方案和在线指导，绘制大体积混凝土施工过程控制流程图，做好关键节点的质量管控。还可利用移动多功能视频会议系统进行 4 号筏板大体积混凝土交底会，根据规范和设计要求，强调大体积混凝土施工方案的计算书的具体要求，并通过筑术云上传会议纪要。会议重点强调了以下十个问题：

1. 要求做好主要抗裂构造措施和温控指标管控，配备测温设备并严格按要求布置测温点。

2. 明确主要施工设备和进度计划。

3. 要求按规范和设计，严格控制原材料的配合比，做好制备和运输计划。

4. 确定浇筑工艺，实施分层浇筑，保证混凝土供应能力，浇筑顺序符合规范、设计和方案要求。

5. 严格控制入模温度，要求振捣符合设计规范和施工方案要求。

6. 按要求留置试块，及时对浇筑面进行多次抹压处理。

7. 要求做好大体积混凝土的养护工作，温控监测工作。

8. 要求做好班前教育和逐级交底，确保施工质量，应急保障措施。

9. 针对 4 号楼筏板大体积混凝土浇筑对商混站进行检查。

10. 浇筑过程中监理单位做好旁站记录。

（三）筑术云在执行（Do）过程中的运用

在事中控制中，利用移动远程视频监控系统对 09 单元 4 号楼大体积混凝土浇筑过程进行监控，尤其是对集水坑、电梯井等重要部位，进行全天候监管、全方位留痕，做到保留影像和视频资料。

同时，利用无人机进行航拍，保留浇筑过程的影像资料，做到不同时间的施工及管理的过程追溯。

通过筑术云任务下发，要求监理在管控过程中，做好监理日志、旁站记录、过程安全检查等过程管理控制，上传相应的文档资料，做到资料留存，过程管控。通过工作联系单，加强对施工过程中存在问题的沟通，针对质量安全隐患，通过筑术云下发监理通知单，要求施工单位整改纠偏，真正做到实时管控。

通过远程视频监控和现场管控相结合的方式，做好浇筑过程中混凝土供应管控、坍落度测量和试块留存；浇筑过程中检查出机温度和浇筑温度；对振捣工艺严格要求；实时精细地进行过程管控，把验收细化到工序中，把质量分布在施工中，提高材料进场验收和工序举牌验收的强度，保证工程质量的提升。

（四）筑术云在检查和处理（Check/Act）过程中的运用

大体积混凝土浇筑完毕后，需要及时开展大体积混凝土的养护和测温工作。就本项目而言，施工时间为冬季，大体积混凝土的养护主要为保温养护，保证混凝土有足够高的温度进行凝结硬化。通过棉毡湿润的方式，开展混凝土的养护工作，通过对 4 号筏板 13 个测温点的定期温控监测，适时了解内表温度、顶面及底面温度、室外温度等温控指标，从而适时调整养护方式。

通过筑术云的远程视频监控系统，及时了解浇筑后棉毡的覆盖到位情况，以及测温周期和温控情况，同时将测温情况反映到监理日志中，做到资料留存。若出现浇筑后的质量通病，则可通过筑术云专家系统，及时获取技术支持，处理好质量问题。

结论

本文从中国丝路科创谷项目工程概况入手，引入了永明项目管理有限公司筑术云智能信息化管控平台，继而结合大体积混凝土施工过程中的重难点问题，将筑术云和 PDCA 质量控制相结合，流程化地分析了 09 单元 4 号楼基础筏板大体积混凝土施工的质量管控情况。

通过筑术云实际应用，可以看到在计划、执行、检查、处理各个阶段，筑术云实现了以质量结果交付定目标、以方案任务分解制计划、以团队协作监控保质量、以过程留痕作手段的多方联动管理。为项目提供全方位、多维度、立体化的在线实时管控，集远程技术支持与资源共享的综合服务平台于一体，为大体积混凝土浇筑的监理管控提供了参考案例。

通过筑术云智能信息平台，利用专家在线系统做到事前控制专业化，利用多功能视频会议系统做到过程交流实时化，利用远程视频监控系统做到过程管控标准化，利用项目信息管理系统做到资料留存的全面化。将筑术云各个系统集中交汇，实现现代化科学管理，简化管理流程，提高管理质量，用一部手机或一台电脑即可高质量完成项目管控，获得全方位的技术支持，做到全天候的智能监测，极大地降低了监理人员的工作强度，优化了人员数量，从而更高效地开展监理工作，保证建设项目的工程质量。

为了进一步提高筑术云智能信息化管控平台在业内的影响力，真正起到推进监理行业优化变革的目标，建议在筑术云系统中加入以下两个模块。模块一，设计和规范的项目导入模块，实现监理人员管理质量的标准化、轻量化和快速质优化。模块二，引入量化评分体系，有助于在一个项目中尽快探寻建设单位、监理单位和施工单位三方最优化管理节点。

参考文献

[1] 古涛．政府服务项目招标化管理模型研究 [D]. 西安：西安建筑科技大学，2012.
[2] 杨正权．监理智慧化服务创新与实践 [M]. 北京：中国建筑工业出版社，2020.
[3] 杨正权．房屋建筑工程质量控制要点 [M]. 北京：中国建筑工业出版社，2020.
[4] 田晓朋．大体积混凝土裂缝产生原因及其预防控制措施 [J]. 科学之友，2008.
[5] 刘广春．大体积混凝土结构裂缝控制措施 [J]. 中国新技术新产品，2008.
[6] 周玉选，周燕．浅谈大体积混凝土施工的质量控制 [J]. 甘肃科技，2008.

北京市建设监理协会
会长：李伟
中国铁道工程建设协会
会长：麻京生
机械监理
中国建设监理协会机械分会
会长：李明安
京兴国际
JINGXING
京兴国际工程管理有限公司
董事长兼总经理：李强
北京兴电国际工程管理有限公司
董事长兼总经理：张铁明
北京五环国际工程管理有限公司
总经理：汪成
中国电建 POWERCHINA
咨询北京有限公司
BEIJING CONSULTING CORPORATION LIMITED
中国水利水电建设工程咨询北京有限公司
总经理：孙晓博
鑫诚建设监理咨询有限公司
董事长：严弟勇　总经理：张国明
CEEDI
北京希达工程管理咨询有限公司
总经理：黄强
CSIC
中船重工海鑫工程管理（北京）有限公司
总经理：姜艳秋
ECC
中咨工程管理咨询有限公司
总经理：鲁静
中国五矿
MCC 中冶京诚
北京赛瑞斯国际工程咨询有限公司
北京赛瑞斯国际工程咨询有限公司
总经理：曹雪松
天津市建设监理协会
理事长：郑立鑫
河北省建筑市场发展研究会
会长：倪文国
监理
山西省建设监理协会
会长：苏锁成
NAECTB
宁波市建设监理与招投标咨询行业协会
会长：邵昌成
浙江华东工程咨询有限公司
党委书记、董事长：李海林
公诚管理咨询有限公司
Gongcheng Management Consulting Co., Ltd.
公诚管理咨询有限公司
党委书记、总经理：陈伟峰
PUHCA 帕克国际
北京帕克国际工程咨询股份有限公司
董事长：胡海林
FJAEC
福建省工程监理与项目管理协会
会长：林俊敏
广西大通建设监理咨询管理有限公司
董事长：莫细喜　总经理：甘耀域
同炎数智
INTELLIGENT TY
同炎数智（重庆）科技有限公司
董事长：汪洋
正元监理
晋中市正元建设监理有限公司
执行董事：赵陆军
山东省建设监理与咨询协会
SCSCA
山东省建设监理与咨询协会
理事长：徐友全
FZECSA
福州市全过程工程咨询与监理行业协会
理事长：饶舜
吉林梦溪工程管理有限公司
总经理：张惠兵
DBCM
大保建设管理有限公司
董事长：张建东　总经理：肖健
上海振华工程咨询有限公司
Shanghai Zhenhua Engineering Consulting Co., Ltd.
上海振华工程咨询有限公司
总经理：梁耀嘉
星宇咨询
XINGYU CONSULTING
武汉星宇建设工程监理有限公司
董事长兼总经理：史铁平
胜利监理
SHENGLI PROJECT MANAGEMENT
山东胜利建设监理股份有限公司
董事长兼总经理：艾万发
江苏建科建设监理有限公司
董事长：陈贵　总经理：吕所章
LCPM
连云港市建设监理有限公司
董事长兼总经理：谢永庆
山西卓越
SHANXI ZHUOYUE
山西卓越建设工程管理有限公司
总经理：张广斌
陕西华茂建设监理咨询有限公司
董事长：阎平
安徽省建设监理协会
安徽省建设监理协会
会长：苗一平
合肥工大建设监理有限责任公司
总经理：王章虎
江南管理
浙江江南工程管理股份有限公司
董事长兼总经理：李建军
苏州市建设监理协会
会长：蔡东星　秘书长：翟东升
浙江嘉宇工程管理有限公司
ZHEJIANG JIAYU PROJECT MANAGERMENT CO.,LTD
浙江嘉宇工程管理有限公司
董事长：张建　总经理：卢甬
QSH
浙江求是工程咨询监理有限公司
董事长：晏海军
驿涛
ytxm.com
驿涛工程集团有限公司
董事长：叶华阳
永明项目管理有限公司
董事长：张平
河南省建设监理协会
河南省建设监理协会
会长：孙惠民
国机中兴
SZXEC
国机中兴工程咨询有限公司
执行董事：李振文
KUNLUN
ECC 昆仑监理
新疆昆仑工程咨询管理集团有限公司
总经理：曹志勇
河南清鸿
清鸿工程咨询有限公司
董事长：徐育新　总经理：牛军
建基咨询
CCPM
CCPM ENGINEERING CONSULTING
since 1998
建基工程咨询有限公司
总裁：黄春晓
光大管理
河南省光大建设管理有限公司
董事长：郭芳州
方大咨询
FANGDA CONSULTING
方大国际工程咨询股份有限公司
董事长：李宗峰
长城咨询
河南长城铁路工程建设咨询有限公司
董事长：朱泽州
BECC
北京北咨工程管理有限公司
总经理：朱迎春
兴平管理
河南兴平工程管理有限公司
董事长兼总经理：艾护民

湖北省建设监理协会
会长：陈晓波
武汉华胜工程建设科技有限公司
董事长：汪成庆
湖南省建设监理协会
常务副会长兼秘书长：田英
华春
华春建设工程项目管理有限责任公司
董事长：王莉
长顺管理
Changshun PM
湖南长顺项目管理有限公司
董事长：黄劲松 总经理：黄勇
广东省建设监理协会
会长：孙成
DPM
广东监理
广东工程建设监理有限公司
总经理：毕德峰
广骏监理
广州广骏工程监理有限公司
总经理：施永强
中国节能
西安四方建设监理有限责任公司
董事长：杜鹏宇 总经理：周建新
重庆市建设监理协会
会长：冉鹏
CISDI 重庆赛迪工程咨询有限公司
Chongqing CISDI Engineering Consulting Co., Ltd.
重庆赛迪工程咨询有限公司
董事长兼总经理：冉鹏
重庆联盛建设项目管理有限公司
总经理：雷冬菁
TONGLI
同力项目管理
山东同力建设项目管理有限公司
党委书记、董事长：许继文
渝正信
重庆正信建设监理有限公司
董事长：程辉汉
重大林鸥
LINOU
重庆林鸥监理咨询有限公司
总经理：肖波
二滩国际
Ertan International
四川二滩国际工程咨询有限责任公司
董事长：李卫国
中国华西工程设计建设有限公司
CHINA HUAXI ENGINEERING DESIGN & CONSTRUCTION CO., LTD
中国华西工程设计建设有限公司
董事长：周华
云南省建设监理协会
云南省建设监理协会
会长：杨丽
国开
云南国开建设监理咨询有限公司
董事长兼总经理：黄平
GZJLXH
贵州省建设监理协会
会长：张雷雄
贵州建工监理咨询有限公司
Guizhou Construction Supervision&Consulting Co., Ltd
贵州建工监理咨询有限公司
董事长：张勤 总经理：涂捷
SANWEI
三维建设工程咨询有限公司
董事长：付涛 总经理：王伟星
矩一建管
西安高新矩一建设管理股份有限责任公司
董事长兼总经理：范中东
西安铁一院工程咨询管理有限公司
中国铁建
XI'AN ENGINEERING CONSULTING & MANAGEMENT CO., LTD. FSDI.
西安铁一院工程咨询监理有限责任公司
总经理：杨南辉
PM
西安普迈项目管理有限公司
董事长：李三虎 总经理：景亚杰
YMCC
城建咨询
云南城市建设工程咨询有限公司
董事长：杨家骏
HBZYCS
河北中原工程项目管理有限公司
董事长：王亚东
青岛东方监理有限公司
董事长：胡民 总经理：刘永峰
康立
KANL
康立时代建设集团有限公司
董事长：蒋增伙 总经理：鲜涛
山西辰丰达工程咨询有限公司
总经理：孙爱峰
九江市建设监理有限公司
董事长：郭冬生
山西省建設監理有限公司
SHANXI CONSTRUCTION SUPERVISION CO., LTD
山西省建设监理有限公司
董事长：张建安
山西协诚
山西协诚建设工程项目管理有限公司
党委书记、总经理：刘景林
山西新星项目管理有限责任公司
董事长：张廷宝
山西省煤炭建设监理有限公司
总经理：杨文平
神剑
SHENJIAN
山西神剑建设监理有限公司
董事长：林群
中国华电集团有限公司
CHINA HUADIAN CORPORATION LTD.
华电和祥工程咨询有限公司
HUADIAN HEXIANG ENGINEERING CONSULTING CO., LTD
华电和祥工程咨询有限公司
党委书记、董事长：王贵展
山西华厦建设工程咨询有限公司
Shanxi Huaxia Construction Engineering Consulting Co. Ltd
山西华厦建设工程咨询有限公司
党支部书记、董事长：史毅清
万家寨水控 水电监理公司
山西省水利水电工程建设监理有限公司
董事长：常民生
德圣工程有限公司
DESHENG ENGINEERING CO. LTD.
德圣工程有限公司
总经理：邱宇
山西煤炭建设监理咨询有限公司
总经理：陈怀耀
山西诚正建设监理咨询有限公司
总经理、总工程师：崔利珍
长春建业集团股份有限公司
董事长：姜凤霞
SCCA
上海市建设工程咨询行业协会
会长：夏冰
HASIN
华兴咨询
重庆华兴工程咨询有限公司
董事长兼总经理：胡明健
SCA
四川省建设工程质量安全与监理协会
秘书长：付静
ZECSMA
浙江省全过程工程咨询与监理管理协会
常务副会长兼秘书长：吕艳斌

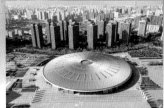

大同市高铁站北广场综合枢纽项目

京能供热长输管线建设项目

南瓮城广场建设项目

内蒙古伊泰集团准格尔选煤厂

大同市玄辰广场建设项目

同煤集团北辛窑煤矿选煤厂

大同方特文化科技产业基地

天镇高铁站供电工程

恒山生态修复工程

山西新星集团公司

山西新星集团公司（山西新星项目管理有限责任公司）成立于2000年，法定代表人张廷宝，注册资金5000万元。公司总部设在山西大同，在北京、深圳、海南、太原等地设有分公司。业务范围涵盖所有工程领域，是国内为数不多的资质全、范围广、实力强的综合性工程建设公司。

公司具有工程建设全过程管理资质，拥有工程咨询、测绘、工程勘察、工程设计、工程造价、招标代理、工程监理、工程项目管理、工程施工等资质。2022年，公司取得了工程监理综合资质，可以开展建筑、铁路、市政、电力、矿山、冶金、石油化工、通信、机电、民航等专业工程监理、项目管理及技术咨询业务。

公司拥有电子与智能化、建筑装饰装修、消防设施、建筑、市政、矿山、公路、机电、电力、环保、地基基础、钢结构、建筑机电安装等施工资质。

公司业务还涉及康养、休闲、旅游等众多行业，下设大同火山峪康养小镇、大同火山峪休闲农庄两个子公司。康养小镇占地约3000亩，投资8.13亿元；休闲农庄占地约1140亩，投资3.2亿元。

公司遵循“以人为本、与时俱进”的管理理念，经过多年的锤炼，已形成一支专业齐全、结构合理、管理精细、作风扎实的人才队伍。目前从业人员350余人，其中一级建筑师、一级结构工程师、公用设备工程师（给水排水）、公用设备工程师（暖通空调）、电气工程师、岩土工程师、环评工程师、测绘工程师、咨询工程师、造价工程师、一级建造师、监理工程师等各类注册人员共计130多人，其中高级技术职称者占40%以上。强大的人才队伍、雄厚的技术实力，确保每项建设工程能够高质量进行。

公司成立20多年来，发扬“团结、拼搏、务实、创新”的企业精神，承接了许多大型房建、市政、煤炭、交通、水利、电力等工程项目，依靠资质优势、人才优势和优质服务，赢得了政府、客户的尊重与信任，已逐渐成为同行业领航者。目前，新星公司适应新时代的发展要求，依靠全员的智慧和力量，正向着“百年奋斗目标”奋勇前行。

地　址：山西省大同市平城区兴云桥东南角碧水云天·御河湾54号楼商铺

电　话：0352-5375321

（本页信息由山西新星集团公司提供）

山西省煤炭建设监理有限公司

山西省煤炭建设监理有限公司成立于1996年4月，具有建设部颁发的矿山工程监理甲级、房屋建筑工程监理甲级、市政公用工程甲级、电力工程监理甲级、机电安装工程监理甲级资质，石油化工监理乙级资质；具有煤炭行业矿山建设、房屋建筑、市政及公路、地质勘探、焦化冶金、铁路工程、设备制造及安装工程甲级监理资质；具有山西省人民防空办公室颁发的人民防空工程建设监理乙级资质、山西省自然资源厅颁发的地质灾害防治资质、山西省应急管理厅安全评价资质证书、山西省工程咨询协会颁发的工程咨询单位乙级资信预评价证书。公司为山西省建设监理协会会长单位、中国建设监理协会会员单位，中国煤炭建设协会、中国煤炭监理协会副理事长单位，中国设备监理协会、山西省煤炭工业协会会员单位。

公司具有正高级职称2人，高级职称28人，工程师569人；注册监理工程师124人、一级注册结构工程师1人、一级注册建造师8人、注册造价工程师11人、注册安全师10人、注册设备师12人、人防监理工程师24人、环境监理工程师14人、水土保持监理工程师18人。

公司监理项目涉及矿建、市政、房建、安装、水利、环境、矿山修复、土地复垦、电力等领域，遍布山西、内蒙古、新疆、青海、海南、浙江、江西、合肥等地，并于2013年走出国门，进驻刚果（金）市场。监理项目多次获得国家优质工程奖、中国建设工程鲁班奖、煤炭行业工程质量“太阳杯”奖，以及全国“双十佳”项目监理部荣誉称号。

2002年以来，企业连续获得中国建设监理协会、中国煤炭建设协会、山西省建设监理协会授予的“煤炭行业工程建设先进监理企业”“先进建设监理企业”荣誉称号，获山西省直工委“党风廉政建设先进集体”“文明和谐标兵单位”荣誉称号；是全国煤炭建设监理行业龙头企业，2011年进入全国监理百强企业。

山西煤炭大厦项目，荣获“鲁班奖”

山西潞安集团高河矿井及选煤厂工程，荣获2012—2013年度“鲁班奖”，2012年度煤炭行业工程质量“太阳杯”奖

山西煤炭运销集团旧街煤业矿山生态环境恢复治理试点示范工程

地　址：太原市并州南路6号鼎太风华B座21层
邮　编：030012
电话/传真：0351-8397238

（本页信息由山西省煤炭建设监理有限公司提供）

中铁十四局青秀嘉苑项目

兰亭御湖城住宅小区项目，荣获“全国十佳项目监理部”

合生帝景监理项目

阳光城并州府项目

山投恒大青运城项目

碧桂园凤麟府项目

山西煤炭运销集团泰山隆安煤业有限公司，荣获国家优质工程奖

山西省采煤沉陷区综合治理阳泉上社煤炭有限公司矿山生态环境恢复治理试点示范工程

潞安环能余吾煤矿年产600万t矿建工程，荣获2006年度、2007年度国家优质工程奖，2008年度煤炭行业工程质量“太阳杯”奖

同煤浙能集团麻家梁煤矿年产1200万t矿建工程

太原市晋阳湖景区水上文旅创意项目

山西省儿童医院新院

临汾市规划三街

太原市公安局泥屯综合警务基地

太原万科紫院

太原滨河体育中心

华润大厦

太原华夏历史文明传承园

包哈公路

太原市城市轨道交通2号线

神剑 SHENJIAN

山西神剑建设监理有限公司

山西神剑建设监理有限公司，于1992年经山西省建设厅和山西省计经委批准成立，是具有独立法人资格的专营性工程监理公司。公司具有房屋建筑甲级、机电安装甲级、化工石油甲级、市政公用甲级、人防工程乙级、电力工程乙级、水利水电工程乙级、航天航空工程乙级、通信工程乙级、铁路工程乙级等工程监理资质，以及山西省环境监理备案资格，并通过了质量管理体系、环境管理体系、职业健康安全管理体系认证。子公司山西北方工程造价咨询有限公司拥有工程造价甲级资质和工程咨询建筑甲级资信证书。

公司注册资本1100万元，主营工程建设监理、人防工程监理、电力工程监理、环境工程监理、安防工程监理、建设工程项目管理、建设工程技术咨询、项目经济评价、工程预决算、招标标底、投算报价的编审及工程造价监控等业务。

公司现有建筑、结构、化工、冶炼、电气、给水排水、暖通、装饰装修、弱电、机械设备安装、工程测量、技术经济等专业工程技术人员677人，并依托工程建设各类专业人员的分布状况，组建了百余个项目监理部，基本覆盖了全省各地，并已率先介入北京、内蒙古、河北、广东等外埠市场，开展了监理业务。在监理业务活动中，遵循“守法、诚信、公正、科学”的准则，重信誉、守合同，提出了“顾客至上、诚信守法、精细管理、创新开拓、绿色环保、节能低碳、预防为主、健康安全、全员参与、持续发展”的管理方针，在努力提高社会效益的基础上求得经济效益。

公司自成立以来，先后承担了近3000项工程建设监理任务，其中工业与科研、军工、化工石油、机电安装工程、市政公用工程、水利水电工程、电力工程、人防工程项目700余项，房屋建筑工程项目2000余项。30年来公司所监理的工程项目通过合理化建议、优化设计方案和审核工程预结算等方面的投资控制工作，为业主节约投资数千万元。同时，通过事前、事中和事后等环节的动态控制，圆满实现了质量目标、工期目标和投资目标，受到了广大业主的认可和好评，曾多次被省国防科工局、省住房和城乡建设厅、市住房和城乡建设局、市建筑工程质量安全站、中国建设监理协会、中国兵器工业建设协会、省建设监理协会、省建筑业协会、省工程造价管理协会评为先进单位。但公司并不满足现状，将一如既往、坚持不懈地加强队伍建设，狠抓经营管理，奋力拼搏进取。我们坚信，只要将脚踏实地的工作作风与先进科学的经营管理方法紧密结合并贯穿每个项目监理始终，神剑必将成为国内一流的监理企业。

地　址：山西省太原市杏花岭区新建北路211号新建SOHO18层
电　话：0351-5258095
邮　箱：sxsjjl@163.com

（本页信息由山西神剑建设监理有限公司提供）

潇河新城 2 号酒店、3 号酒店

高平市神农健康城，荣获 2020—2021 年度第二批中国建设工程鲁班奖

定襄县“六馆一院”项目，荣获 2022—2023 年度第一批国家优质工程奖、2021—2022 年度第二批中国安装工程优质奖（中国安装之星）

山西工程科技职业大学新建产教融合理实一体化实训中心和学生公寓组团，荣获 2022—2023 年度第一批中国建设工程鲁班奖

山西省委党校行政综合楼，荣获 2020—2021 年度第二批中国建设工程鲁班奖

三亚晋润园，荣获 2021 年中国土木工程詹天佑奖优秀住宅小区金奖（保障房项目）

岢岚县古城文化旅游建设项目工程，获 2020 年度山西省建筑业协会“汾水杯”工程奖

长治机场航站区改扩建工程（新建航站楼），荣获 2022 年度山西省建筑装饰工程“三晋杯”

中国尧帝祭祀大殿，获 2020—2021 年度第二批国家优质工程奖

临汾市五一路快速通道工程建设项目，获山西省第十八届“太行杯”土木建筑工程大奖

山西华厦建设工程咨询有限公司

山西华厦建设工程咨询有限公司（以下简称“华厦咨询”）属国有企业，为山西建设投资集团有限公司的二级单位，成立于 1997 年 7 月。2021 年公司通过重组整合山西省建筑工程建设监理有限公司、山西华奥建设项目管理有限公司、山西中太工程建设监理公司、山西华翔工程监理有限公司、山西省勘察设计研究院有限公司监理板块，建成集工程监理、招标代理、造价咨询、全过程工程咨询、项目质量安全评价、项目评估、内部审计等为一体的技术咨询服务企业，力求打造成为省内行业领先、服务一流，具有核心竞争力的建设工程全过程咨询集团公司。

企业营业范围：

经过多年的发展和积累，公司主营业务有工程监理（包括房屋建筑工程、化工石油工程、市政公用工程、矿山监理工程、机电安装工程、电力工程、公路工程、人防工程及环境监理等）、质量安全技术咨询、工程咨询、招标代理、工程造价咨询、全过程咨询等。为业主提供工程项目策划、项目可研及建议书、工程造价咨询、项目招标投标代理、工程监理、质量安全技术咨询、工程技术服务、安全技术培训、环境咨询等第三方技术咨询服务。

公司在监理行业中较早通过了质量管理体系认证、环境管理体系认证、职业健康安全管理体系认证，建立了一整套规范化、程序化并行之有效的内部管理制度，为公司的可持续发展提供了保证。

组织架构：

公司现设立职能部门共五部一室，即市场开发部、安全生产部、技术管理部、财务管理部、人力资源部、综合办公室。下设“八营运中心、五事业部、三子公司”，即营运中心分别为华厦监理、建工、华奥、晋北、晋西、晋南、晋东南、晋中；事业部分别为造价咨询、招标代理（加挂投标工作室）、工程质量安全评价、项目管理、全过程工程咨询；子公司分别为山西中太工程建设咨询有限公司、山西华翔工程项目有限公司、山西华厦安全环境技术有限公司。

人员结构：

公司目前从业人员总数 610 余人，硕士 11 人、注册监理工程师 144 人、一级建造师 36 人、二级建造师 17 人、注册造价工程师 18 人、注册安全工程师 14 人；正高级工程师 3 人、高级工程师 20 人、高级会计师 1 人、工程师 127 人。涉及建筑工程、市政、电气、供热通风、给水排水、道路桥梁、工程地质勘察、机械设备安装、智能化、测量、通信、矿山、工程造价等相关专业，积累了丰富的项目管理经验，培养了一批德才兼备、专业齐全、结构合理、技术精湛的工程技术人员，搭建了技术管理与咨询的专家“智库”，更好地满足工程管理与咨询的专业化、精细化、体系化的需求，能够为业主提供全方位的优质管理服务。

业绩优势：

自公司成立以来，承揽的各类项目 2000 余项，承揽项目除山西省，还有北京、海南、湖北、湖南、陕西、新疆、内蒙古、广西、浙江、天津等地，取得了良好的社会效益和经济效益。

公司承揽的项目中，多项工程荣获“鲁班奖”“中国土木工程詹天佑奖”“中国安全产业建筑行业安全生产标准化奖”“3A 级安全标准化工地”“全国建筑业绿色施工示范工程”“国家优质工程奖”、煤炭行业“太阳杯”奖、国家“安全生产标准化示范项目”、“汾水杯”、省市级“优质工程”、省市“安全标准化工地”等奖项和荣誉。

公司形成了系统化、规范化的全过程咨询管理体系，长期积累的优良信用赢得了客户和合作伙伴的高度认可。

企业宗旨：守正创新 求实竞上

执业准则：诚信、守法、公正、科学

地　址：山西转型综合改革示范区唐槐产业园康寿街 11 号山西智创城 1 号基地 4 号楼 6 层 642 室

电　话：0351-7064400

（本页信息由山西华厦建设工程咨询有限公司提供）

山西省水利水电工程建设监理有限公司

山西省水利水电工程建设监理有限公司成立于1993年3月11日，注册资本3000万元，股东万家寨水务控股集团有限公司持股100%，法定代表人常民生。

一、主营业务

公司主营业务是工程监理，拥有住房城乡建设部、水利部颁发的水利水电工程监理甲级、水利工程施工监理甲级、水土保持工程施工监理甲级、水利工程建设环境保护监理和机电及金属结构设备制造监理乙级等资质，山西省住房城乡建设厅颁发的房屋建筑工程和市政公用工程监理乙级、工程造价咨询乙级、公路工程监理丙级等资质。

公司营业范围：水利水电工程监理；房屋建筑工程监理；市政公用工程监理；公路工程监理；农林工程监理；工程移民监理；水土保持工程监理；机电及金属结构设备制造监理；环境保护监理；工程造价咨询；工程勘察设计；各类土木工程、建筑工程、线路管道和设备安装工程及装修工程项目的勘察、设计、施工、监理以及与工程建设有关的重要设备（进口机电设备除外）、材料采购招标的代理；政府采购招标代理；建设项目水资源论证；全过程工程咨询服务。

二、人员情况

公司广集三晋水利战线的技术精英，造就了一支专业门类齐全、技术精湛、爱岗敬业的职工队伍。现拥有水利部及住房城乡建设部注册监理工程师、注册造价工程师、注册安全工程师、注册建造师共达400人以上，多年来从业人员稳定在600人左右，是目前国内水利水电行业具有较大规模和较强实力的工程监理单位。

三、监理业绩

公司先后承担了万家寨水利枢纽、万家寨引黄工程、汾河二库、西龙池抽水蓄能电站、娘子关提水二期、张峰水库、新疆引额济乌工程、南水北调应急供水工程、辽宁大伙房输水二期工程、辽宁大伙房水库输水应急入连工程（三标段）、内蒙古呼市小黑河赛罕段工程、四川茂县灾后重建工程、甘肃引洮供水一期和二期工程、甘肃省中部移民开发供水工程、温州市瓯江引水工程、常山县虹桥溪流域综合治理工程、山西省东山供水工程、山西省中部引黄工程、小浪底引黄工程、辛安泉供水工程、阳泉市龙华口调水工程、汾河百公里中游示范区等一批国家和省重点工程的监理任务，并走出国门承担了卢旺达姆塔拉、突尼斯克比尔水利工程的监理任务，得到了国家和省、市、县水利行业主管部门、建设单位等多方赞誉，以及社会的广泛认可，在水利水电行业树立了良好的形象。公司监理的横泉水库、柏叶口水库、溯头水电站等项目获得“大禹奖”“汾水杯”国家和省优质工程奖，拥有TBM、PCCP、堆石面板坝、新材料筑坝、河道生态环境综合治理等核心监理技术。公司省内市场成熟稳定，并以此为依托，进一步扩大省外市场，近三年进入了浙江、云南、宁夏、安徽等省外市场。

（本页信息由山西省水利水电工程建设监理有限公司提供）

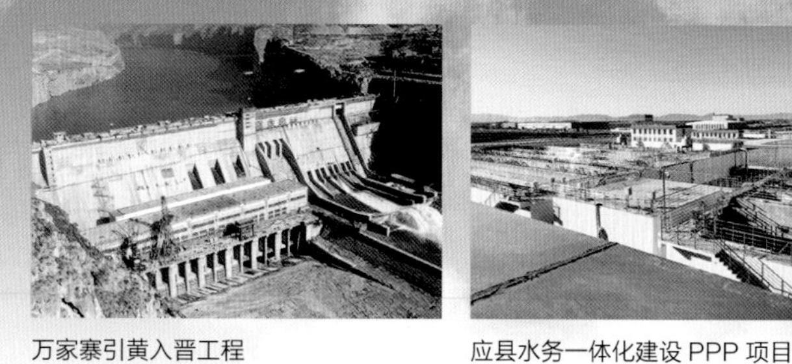

万家寨引黄入晋工程

应县水务一体化建设PPP项目

柏叶口水库枢纽工程

水源涵养林工程

山西省小浪底引黄工程

甘肃引洮供水工程

大伙房水库输水（二期）工程

乌溪江引水工程灌区（衢州片）“十四五”续建配套与现代化改造工程调增项目

张峰水库

山西省中部引黄工程

南水北调中线工程

汾河百公里中游示范区先行示范段工程

地　址：山西省太原市迎泽区南内环街97号万家寨水控专家楼15层
邮政编码：030002
电　话：0351-4666686；4666779

保利西湖林语

太原富力天禧城 B 区

旭辉江山

华润昆仑御三期

西安融创奥城东区项目

山西省政务服务中心

山西交通研创商务基地项目

太忻大道改造工程大盂镇石岭关—阳兴大道

解放路改造工程

太原双塔景区建设项目

地　址：山西省太原市杏花岭区府西街 9 号王府商务大厦 1 幢 A 座八层 E 号
邮　箱：dsec2002@163.com
电　话：0351-3523512

德圣工程有限公司
DESHENG ENGINEERING CO.LTD.

德圣工程有限公司成立于 2002 年，2015 年组建德圣建设管理集团。二十载峥嵘岁月，德圣集团始终秉承德善为本、精诚至圣的企业精神，恪守诚信、务实、创新、共赢的核心价值观，以客户、员工、企业共创共享为使命，致力于实现构建产业平台、持续创造价值的企业愿景，为客户提供优质、高效、全方位的工程技术服务。

德圣工程有限公司具有投资咨询、勘察测绘、规划设计、工程监理、造价咨询、招标代理、检测鉴定、项目代建等多项工程技术服务甲级资质；具有装饰装修工程、钢结构工程、地基与基础工程、防水防腐保温工程、特种专业工程、环保工程、施工总承包、劳务分包等多项施工承包壹级资质；具备全过程工程咨询和生态环境修复两项投资建设运营综合能力。可提供工程监理、造价咨询、项目施工同步涉及土建、安装、市政、公路、水利、水运、电力、园林绿化、文物保护、地质灾害治理、信息技术等各项专业技术服务。

德圣工程有限公司属民营企业，现有各类注册人员 67 人，其中注册监理工程师 30 人、一级注册建造师 11 人、二级注册建造师 9 人、一级注册造价工程师 17 人。高级职称人员 9 人、中级职称人员 160 人，各类工程技术人员齐全，配备各类专业大中型施工机械 10 余台套。

德圣工程有限公司技术积淀二十载，完成千项成功案例，造就百项精品工程，承担包括山西省政务服务中心建设项目、山西交通研创商务基地建设项目、太忻大道（108 国道改造工程大盂镇石岭关—阳兴大道）建设项目、解放路改造工程、太原双塔景区建设项目、贾家庄城中村改造保利西湖林语 68 号住宅小区项目、太原富力天禧城住宅小区项目、太原师范学院地块华润昆仑御商业项目、太原市尖草坪区三给村城中村改造旭辉江山住宅小区项目、西安融创奥城东区项目等众多省、市、区、县的央企重点建设项目工程监理业务。

德圣工程有限公司坚持以市场为导向、以客户为中心、以团队为基础、以信誉求发展，形成了“立足华北，面向全国”的经营格局。德圣集团持续与华润置地、保利地产、中海地产、融创地产、富力地产、旭辉地产、荣盛地产、中国建筑、中国中铁、中国铁建、中煤地质、中冶地质、山西建投、山西交控、万家寨水控等知名央企、国企、上市企业合作，让每一次合作实现互利共赢，让每一次进步增强德圣品牌。

德圣工程有限公司全体员工带着理想与激情，巩固来之不易的成果与荣誉，继续齐心协力再创新高，为把德圣打造为一专多元型工程平台而继续奋斗！

（本页信息由德圣工程有限公司提供）

山西诚正建设监理咨询有限公司

山西诚正建设监理咨询有限公司成立于2000年11月，2008年3月改制后隶属于山西辰诚建设工程有限公司。

公司注册资本618万元，现具有住房和城乡建设部颁发的房屋建筑工程、矿山工程、电力工程、市政公用工程监理甲级资质，铁路工程、公路工程、化工石油工程、通信工程、机电安装工程监理乙级资质；中国煤炭建设协会颁发的工程监理与项目管理甲级资质，以及中国设备监理协会颁发的设备监理甲级资质等。

公司于2003年3月公司通过了北京世标认证中心ISO 9001的质量体系认证，2021年2月通过了北京新大陆航星质量认证中心的质量体系、环境体系、职业健康安全体系的认证。公司现为中国建设监理协会、中国煤炭建设协会、中国设备监理协会、山西省建设监理协会、山西省煤矿建设协会、阳泉市建筑业协会会员单位。

公司技术力量雄厚，监理设施及各类检测设备齐全，是一支以工程建设监理、工程咨询业务为主的科技型服务机构，在工程领域具有丰富的实践经验。公司现有员工300余人，工程系列专业技术人员占员工总数的90%以上，其中：高级工程师23人、工程师134人；注册监理工程师76人、注册设备监理工程师24人、注册安全工程师5人、一级注册建造师11人、注册造价工程师5人，交通运输部公路工程监理工程师21人，山西省建设监理协会监理工程师培训证192人。

公司自成立以来，依据国家、地方及行业有关工程建设的法律、法规、现行标准和规范，先后制定了一系列内部管理制度，公司编制的《建设工程监理工作指南》荣获阳泉市“十二五”期间职工技术创新优秀成果鼓励奖。近年来，累计承接房屋建筑工程、矿山工程、电力工程、市政公用工程等各类工程监理项目2300多项，累计完成监理费7.48亿元，所监理的工程项目质量合格率达到了100%。公司所监理的阳泉职业技术学院新校区教学服务中心荣获国家优质工程奖，多项监理工程项目荣获中国煤炭行业“太阳杯”工程和优质工程、山西省“汾水杯”奖及省优工程、“三晋杯质量奖”“山西省煤炭建设协会安全文明施工工地”“山西省煤矿建设协会优质工程”等荣誉。

公司近年来作出的成绩得到了住房和城乡建设部、中国建设监理协会、中国煤炭建设协会、山西省住房和城乡建设厅、山西省煤炭工业局、山西省建设监理协会及当地政府建设行政管理部门的认可和好评。2012—2013年被评为国家级“守合同 重信用”企业，2004—2019年、2021—2022年连续18年被山西省建设监理协会评为“工程监理先进企业”。2012—2021年度连续9年被山西省煤矿建设协会评为“优秀监理企业”，2006年、2008年、2010年、2012年、2014年、2016年、2018年被中国煤炭建设协会评为“优秀监理企业”，2021年被阳泉市住房和城乡建设局评为“2020年度阳泉市骨干监理企业”。2008年、2016年荣获“三晋工程监理企业20强”称号。在中国煤炭建设协会公布的煤炭行业建设监理企业综合实力前20名中，公司2006年、2009年度综合排名第二位。

公司本着“对业主满意服务，为社会尽职负责”的服务宗旨，坚持“精心监理、规范服务、高效优质、业主满意”的质量方针，发扬严格的制度、细致的作风、科学的管理和团结协作的精神，始终把监理工程项目的质量控制放在工作的首位，严格履行建设工程安全生产管理法定职责，同时做好工程进度、投资控制，对合同、信息进行管理，对工程建设相关方的关系进行协调。加大科技投入，推进BIM技术在工程监理服务中的应用，采用先进检测工具和信息化手段，创新工程监理技术、管理、组织和流程，促进监理服务更加标准化、专业化、精细化，将公司全力打造成为智力密集型、技术复合型、管理集约型的大型建设咨询服务企业，为所监理的每项工程圆满实现合同目标、最大限度地实现项目经济效益和社会效益提供可靠的保障，为推进我国工程建设事业的高质量发展作出应有的贡献！

地　址：山西省阳泉市矿区北大西街10号
电　话：0353-7071625、0353-7045202

（本页信息由山西诚正建设监理咨询有限公司提供）

阳煤集团寺家庄矿

阳煤集团太化新材料园区苯加氢装置

馨泽苑住宅小区

阳煤大桥

阳泉太行国际新城

长治潞安府秀江南小区

阳煤集团新疆国泰新华煤化工项目

阳煤集团长沟矿

阳煤化工装备工业园

阳煤集团新元矿

中共贵州省监理协会支部组织学习党的二十大精神

贵州省建设监理协会第五届会员代表大会于2022年5月14日在贵阳召开

贵州省建设监理协会五届一次理事会召开

贵州省第五届会员代表大会选举投票

贵州医科大学内科住院综合楼：贵州深龙港监理公司（2016—2017年度国家优质工程奖）

贵州省地质资料馆暨地质博物馆：贵州建筑设计研究院有限责任公司（2020—2021年度中国建设工程鲁班奖）

贵州省威宁500kV变电站新建工程：贵州电力建设监理咨询有限责任公司（2021年度中国电力优质工程）

云、贵、川、渝监理协会党支部联合主题党日活动

贵州省建设监理协会

贵州省建设监理协会是由主要从事建设工程监理业务的企业自愿组成的行业性非营利性社会组织，接受贵州省民政厅的监督管理和贵州省住房和城乡建设厅的业务指导，于2001年8月经贵州省民政厅批准成立，2022年5月经全体会员代表大会选举完成了第五届理事会换届工作。贵州省建设监理协会是中国建设监理协会的团体会员及常务理事单位，2018年12月，经贵州省民政厅组织社会组织等级评估，被授予“5A级社会组织”称号。现有会员单位328家，监理从业人员约30000多人，国家注册监理工程师约3600余人。协会办公地点在贵州省贵阳市观山湖区中天会展城A区101大厦A座20层。

贵州省建设监理协会以习近平新时代中国特色社会主义思想为指导，遵守宪法、法律、法规和国家政策，遵守社会道德风尚。坚定不移走中国特色社会主义发展道路，坚持党的领导、人民当家作主、依法治国有机统一。协会以“服务企业、服务政府”为宗旨，发挥桥梁与纽带作用，贯彻执行党的二十大精神和党中央的有关方针政策，维护会员的合法权益，认真履行“提供服务、反映诉求、规范行为”的基本职能，热情为会员服务，引导会员遵循“公平、独立、诚信、科学”的职业准则，维护公平竞争的市场环境，强化行业自律，积极引导监理企业规范市场行为，树立行业形象，维护监理信誉，提高监理水平，促进我国建设工程监理事业的健康发展，为国家建设更多安全、适用、经济、美观的优质工程贡献监理力量。

协会业务范围：致力于提高会员的服务水平、企业管理水平和行业的整体素质。组织会员贯彻落实工程建设监理的方针政策；开展工程建设监理业务的调查研究工作，协助业务主管部门制定建设监理行业规划；制定并贯彻工程监理企业及监理人员的职业行为准则；组织会员单位落实实施工程建设监理工作标准、规范和规程；组织行业业务培训、技术咨询、经验交流、学术研讨、论坛等活动；开展省内外信息交流活动，为会员提供信息服务；开展行业自律活动，加强对从业人员的动态监管；宣传建设工程监理事业；组织评选和表彰奖励先进的会员单位和个人会员等工作。

第五届理事会选举出首任轮值会长张雷雄、常务副会长兼秘书长王伟星及9家骨干企业负责人担任副会长。本届理事会设有监事会，监事会主席为周敬。本届理事会推举杨国华同志为名誉会长、傅涛同志为荣誉会长，并聘请杨国华、汤斌二位同志为协会顾问。

协会下设自律委员会、专家委员会和全过程工程咨询委员会，在遵义、兴义两地设立了工作部。秘书处是协会的常设办事机构，负责本协会的日常工作，对理事会负责。秘书处下设办公室、财务室、培训部及对外办事接待窗口。

（本页信息由贵州省建设监理协会提供）

山西省建设监理协会

山西省建设监理协会成立于 1996 年 4 月，20 多年来，在中国建设监理协会、山西省住房和城乡建设厅以及山西省社会组织管理局的领导、指导下，山西监理行业发展迅速，已成为工程建设不可替代的重要组成部分。

从无到有，逐步壮大。随着改革开放的步伐，全省监理企业从 1992 年的几家发展到 2022 年底的 230 余家，其中综合资质企业 3 家，甲级资质企业 114 家、乙级资质企业 105 家、丙级资质企业 15 家。协会现有会员单位 269 家（含入晋），理事 250 人、常务理事 70 人，理事会领导 22 人，监事会 3 人。会员单位涉及煤炭、交通、电力、冶金、兵工、铁路、水利等领域。

引导企业，拓展业务。监理业务不仅覆盖了省内和国家在晋大部分重点工程项目，而且许多专业监理企业积极走出山西，参与青海、东北地区、新疆、陕西、海南等 10 多个外省地区的大型项目建设，还有部分企业走出国门，如纳米比亚、吉尔吉斯斯坦、印尼巴厘岛等。

奖励激励，创建氛围。一是年度理事会上连续 9 年共拿出 79.5 万余元奖励参建“鲁班奖”等国优工程的监理企业（企业 10000 元、总监 5000 元），鼓励企业创建精品工程。二是连续 12 年，共拿出 25 万余元奖励在国家监理杂志发表论文的 1000 余名作者，每篇 200~500 元不等，助推理论研究工作。三是连续 6 年，共拿出近 13.5 万元奖励省内进入全国监理百强企业（每家企业奖励 10000 元），鼓励企业做强做大。四是连续 4 年，共拿出近 8 万元，奖励竞赛获奖选手、考试状元等，激励正能量。

精准服务，效果明显。理事会本着“三服务”（强烈的服务意识，过硬的服务本领，良好的服务效果）宗旨，带领协会团队，紧密围绕企业这个重心，坚持为政府、为行业和企业提供双向服务。一是充分发挥桥梁纽带作用，一方面积极向主管部门反映企业诉求，另一方面连续 8 年组织编写《山西省建设工程监理行业发展分析报告》，为政府提供决策依据；二是指导引导行业健康发展，开展行业诚信自律、明察暗访、选树典型等活动；三是注重提高队伍素质，狠抓培训教材编写，优选教师，严格管理，举办讲座、“监理规范”知识竞赛、“增强责任心 提高执行力”演讲以及羽毛球大赛；四是经验交流，推广企业文化先进经验分享；五是办企业所盼，组织专家编辑《建设监理实务新解 500 问》工具书等；六是推动学习，连续 9 年共拿出 95 万余元为 200 余家会员赠订 3 种监理杂志 3600 余份，助推业务学习；七是提升队伍士气，连续 8 年盛夏慰问一线人员；八是扶贫尽责，2019 年，协会与企业向阳高县东小村镇善捐人民币 80000 元，为传播社会帮扶正能量贡献光和热，协会被省社会组织综合党委授予“参与脱贫攻坚贡献奖”；九是疫情献爱，2020 年，协会和会员单位等共为抗击疫情捐款捐物折合人民币 50 万余元，协会还为坚守在疫情防控一线的基层社区工作人员和志愿者们送上了饼干、牛奶、方便食品等价值万余元的生活物品，2020 年 4 月 1 日，《中国建设报》第 2 版登载《逆行最美　大爱无疆——监理人大疫面前有担当》系列报道，内容介绍了山西监理 13 家会员单位和协会献爱心暖人心，积极开展捐款捐物活动的内容；十是助学示情，2020 年协会向“我要上大学”助学行动筹备组捐款 3 万元，为考入大学的寒门学子尽绵薄之力，协会荣获中国助学网、省社会组织促进会、原平市爱心助学站颁发的“爱心助学，功德千秋”荣誉牌匾。

不懈努力，取得成效。近年来，山西监理行业的承揽合同额、营业收入、监理收入等呈增长态势。协会的理论研究、宣传报道、服务行业等工作卓有成效，赢得了会员单位的称赞和主管部门的认可。先后荣获中国建设监理协会各类活动“组织奖”5 次；山西省民政厅“5A 级社会组织”荣誉称号 3 次；山西省人社厅、山西省民政厅授予的“全省先进社会组织”荣誉称号；山西省建筑业工业联合会授予的“五一劳动奖状”荣誉称号；山西省住房和城乡建设厅“厅直属单位先进集体”荣誉等。

面对肩负的责任和期望，公司将聚力奋进，再创辉煌。

（本页信息由山西省建设监理协会提供）

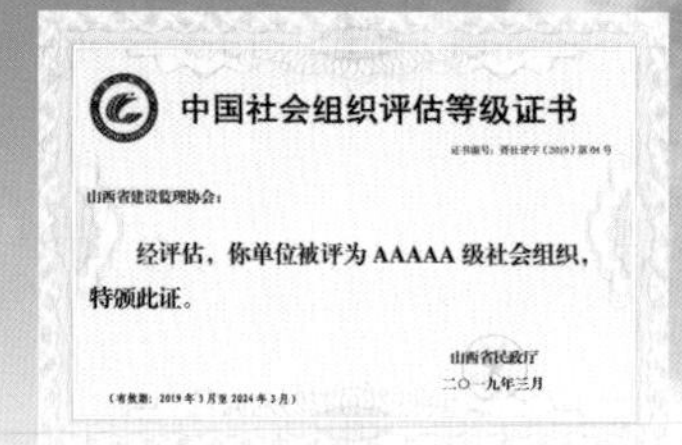

协会三度荣获省民政厅“5A 级社会组织荣誉证书”

2013 年 11 月省人社厅、省民政厅联合授予协会“全省先进社会组织”殊荣

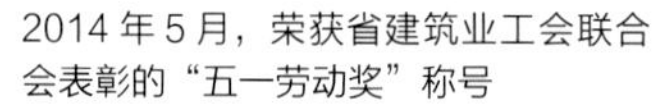
2014 年 5 月，荣获省建筑业工会联合会表彰的“五一劳动奖”称号

2020 年 6 月，协会荣获“参与脱贫攻坚贡献奖”

2019 年 12 月，中国建设监理协会王早生会长莅临协会指导并与协会领导和秘书处同志们合影留念

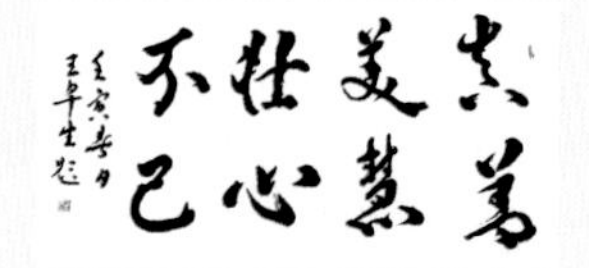

2022 年 2 月，中国建设监理协会王早生会长为协会三、四届唐桂莲会长题字“真善美慧 壮心不已”

2022 年 2 月，中国建设监理协会王早生会长为山西监理行业题字“工程卫士 建设管家”

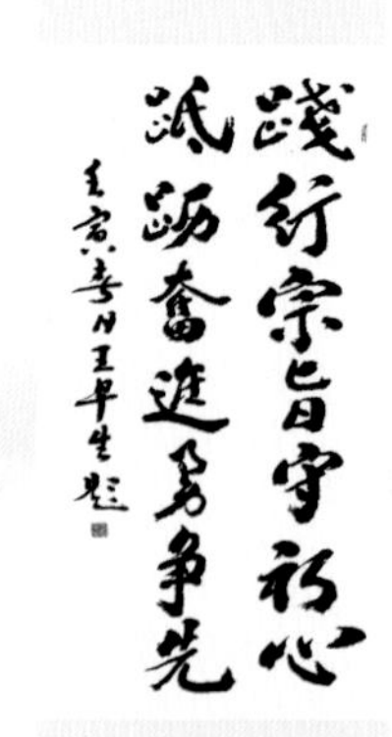

2022 年 2 月，中国建设监理协会王早生会长为山西监理协会题字“践行宗旨守初心 砥砺奋进勇争先”

地　址：太原市建设北路 85 号
邮　编：030013
电　话：0351-3580132
邮　箱：sxjlxh@126.com

河南省高级人民法院办公用房改造和审判法庭建设项目全过程咨询

安徽中烟工业公司阜阳卷烟厂易地技术改造项目

厦门国际中心

援乍得议会大厦项目

南三环京广路立交桥效果图

郑州市轨道交通 1 号线一期工程

绿地中央广场项目

河南省政府办公楼工程

省道 316 线郑州至登封（郑登快速通道）改建工程

河南省人民医院新建病房楼

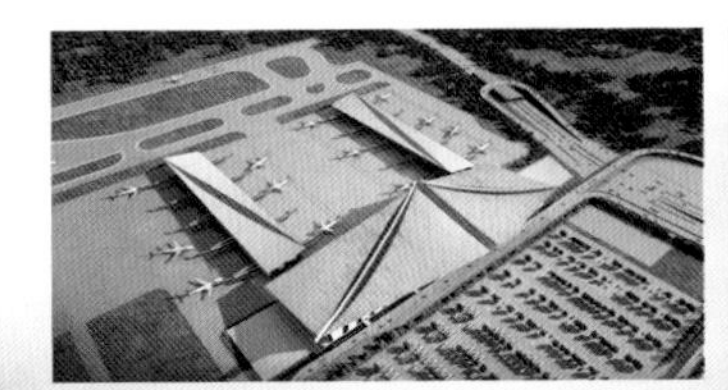
厦门高崎国际机场 T4 航站楼工程

郑州市民公共文化服务区市民活动中心工程

地　址：河南省郑州市中原区中原西路 126 号
电　话：0371-67606175、67606798
传　真：0371-67623180
邮政编码：450007
电子邮箱：342897283@qq.com

国机中兴工程咨询有限公司
SINOMACH ZHONGXING ENGINEERING CONSULTING CO.,LTD

国机中兴工程咨询有限公司隶属于世界五百强大型央企中国机械工业集团有限公司，是中央驻豫企业。公司于 1991 年开始开展监理业务，1996 年正式成立，2021 年更名为“国机中兴工程咨询有限公司”。国机中兴是国内较早获得工程监理综合资质的监理企业，也是河南省重点培育全过程工程咨询服务企业，通过了 ISO 9001 质量管理体系认证、ISO 14001 环境管理体系认证、ISO 45001 职业健康安全管理体系认证。公司除具有工程监理综合资质（含 14 项甲级资质）外，还具有交通运输部公路工程监理甲级资质、国家人防办甲级监理资质，招标代理、工程造价、工程咨询资信等诸多行业资质。

公司自成立以来，始终秉承以“技术创新为核心、以拓展品牌为依托、以精细管理为动力、以人才建设为支撑，全面提升服务价值”的发展理念，竭诚以优质的服务、雄厚的技术实力、专业的队伍、严格的管理为国内外客户提供全方位、全过程，专业化，高品质的工程咨询服务。公司的服务范围包括工程建设监理、项目管理、工程设计、工程咨询、BIM 咨询、造价咨询、工程总承包（EPC）、项目代建等诸多领域。30 年来，公司一直伴随着中国监理行业和工程咨询行业共同发展，已成为行业内具有一定知名度和影响力，具有“中兴特色”的全过程工程咨询服务企业。

公司现有员工 1000 余人，高、中级技术职称人员占 40% 以上，各类国家注册执业资格人员近 500 人次，专业配置齐全，年龄结构合理，有 200 余人次获得国家及省市级表彰。公司始终将人力资源作为宝贵的财富，通过不断优化职业培训，搭建晋升平台，吸收更多优秀人才，为公司的持续发展提供源源不断的动力。公司已逐步形成了一支理论基础扎实、实践经验丰富、综合素质高的人才队伍。

公司经过 30 年的发展，在工程建设、技术、经济咨询等方面积累了丰富的经验。同时，不断优化业务布局、拓展业务范围、创新业务模式，在全过程工程咨询和 EPC 工程总承包上迈出了坚实的步伐，公司已成为国内颇具影响，河南省规模大、实力强的工程咨询服务企业。国内业务遍及除香港、澳门、台湾及西藏地区以外的所有省、市、自治区，国际业务遍及亚洲、非洲、拉丁美洲等 20 余个国家和地区；业务范围涉及房屋建筑、市政、邮电通信、交通运输、园林绿化、石油化工、加工冶金、水利电力、矿山采选、农业林业等多个行业。随着公司的发展，公司成立了专业的设计咨询团队，为项目提供强大的技术支撑，完善了业务发展链条。同时，公司以高新技术为支撑，在企业管理与信息化建设深度融合、全过程工程咨询平台搭建、BIM 技术深度应用等方面执着探索和实践，拥有突出的技术优势和发明专利。

公司累计承接工程项目达 4000 多项，工程总投资约 3000 亿元。近年来承接过的工程获国家级奖项 70 余项、省级优质工程奖 200 余项。

公司技术力量雄厚，管理规范严格，服务优质热情，赢得了客户、行业、社会各界的认可。公司连续多年被评定为国家、部、省、市级“先进监理企业”，全国“共创鲁班奖先进监理单位”；是“国家级高新技术企业”、河南省“守合同重信用”企业、河南省“十佳杰出领军全过程咨询企业”、河南省“十佳智慧管理卓越企业”、郑州市“3A”企业；荣获“全国建设监理行业抗震救灾先进企业”、河南省“助力扶贫攻坚先进单位”“防汛救灾先进监理企业”“疫情防控先进监理企业”等荣誉称号。自 2004 年建设部开展“全国百强监理单位”评定以来，公司连续入围全国百强建设工程监理企业，是目前河南省及机械行业在全国百强排名中靠前的企业。

展望未来，国机中兴致力于成为国内一流的工程咨询服务商，始终秉承“专业创新、务实担当、诚信共赢”的核心价值观，竭诚以一流的技术和一流的团队为客户提供最满意的工程技术服务，以为客户提供满意服务为目的，用公司精湛的技术和精心的服务，与您的事业相结合，共创传世之精品！

（本页信息由国机中兴工程咨询有限公司提供）

湖南长顺项目管理有限公司

湖南长顺项目管理有限公司是一家以全过程工程咨询和监理为核心业务的工程咨询管理公司。公司具备建设工程全产业链资质，致力于为业主提供建设工程项目从投资策划、建设实施到运营维保的全过程工程咨询服务。公司可提供项目策划、项目代建、工程勘察、工程设计、工程监理、造价咨询、BIM 咨询、招标代理等全过程工程咨询服务，是国内知名的工程咨询管理企业。

湖南长顺项目管理有限公司从大型央企设计院衍生孵化而来，创建于 1993 年，为中国轻工业长沙工程有限公司的全资子公司；1998 年成立湖南长顺工程建设监理有限公司，是国内最早开展监理业务的单位之一；2007 年，中轻长沙与中轻集团旗下 8 家子公司成立中国海诚工程科技股份有限公司，实现整体上市，是国内第一家以设计、咨询为主营业务的上市公司；2014 年，为加速公司业务转型升级，公司更名为湖南长顺项目管理有限公司；2017 年，公司在国内率先开展全过程工程咨询服务，为湖南省第一批全过程工程咨询试点单位；2018 年，国务院国资委改制重组，中国轻工业集团整体并入中国保利集团，品牌价值得到进一步提升。

公司成立至今，在工业与民用建筑、市政、交通、机电、民航、水利水电、生态环保等领域均取得良好业绩，为顾客提供优质咨询服务，年服务业主超过 300 家，服务标的额超过千亿元。所承接的项目获得“鲁班奖”数十次，“国家优质工程”“钢结构金奖”等国家级奖项百余，公司先后获得“全国先进工程建设监理单位”“湖南省监理企业 3A 信用等级企业”“国家高新技术企业”“湖南省直机关示范党支部”等诸多殊荣。

公司专业人员配备齐全，技术力量雄厚。拥有注册监理工程师、一级注册建筑师、注册造价工程师、注册岩土工程师等各类注册工程师超千余人，注册人员数量位居行业领先。公司成立“长顺管理学院”，并设“超高层建筑、市政工程、医疗建筑、地下空间”四大研究中心，结合公司“数字化研究院”“长顺项目管理云平台”，助力公司数字化转型，加速青年人才培养，为公司发展持续输出高素质人才。

面向未来，公司全力加速转型升级，不断拓展服务领域，为业主提供覆盖工程建设全过程工程咨询服务。公司秉持为顾客创造更高价值，践行“顾客满意是我们不懈的追求”的企业宗旨，致力于打造国内一流的工程咨询管理公司。

（本页信息由湖南长顺项目管理有限公司提供）

圭塘河井塘段城市双修及海绵城市建设示范公园 PPP 项目

永州植物提取产业园

湖南省美术馆

长沙县榔梨花园新城及水乡古镇片区开发全过程工程咨询项目

长沙市国际会议中心

中南大学湘雅二医院门急诊医技楼

长沙黄花国际机场 T3 航站楼

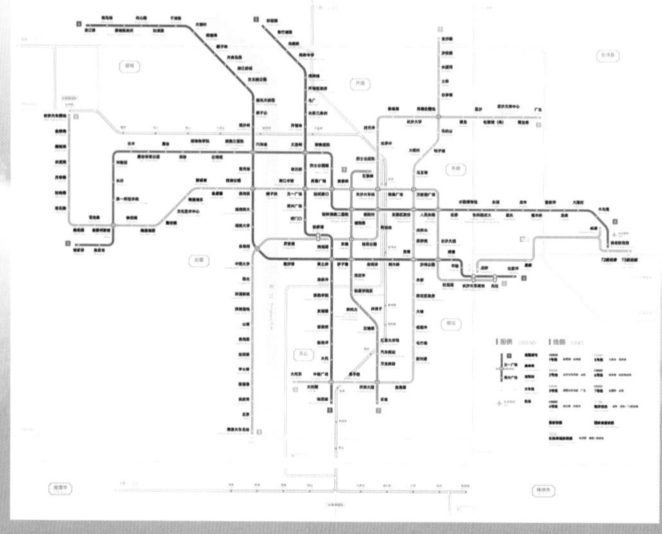

长沙市地铁 1~7 号线

中商国荣健康医疗产业园

漯河制鞋供应链产业园项目

黄河流域非物质文化遗产保护展示中心

郑州市四环路及大河路快速化工程

长治市公共卫生医疗中心

隋唐大运河文化博物馆

西华县第一职业中等专业学校

鹤壁工程技术学院新校区项目

建基工程咨询有限公司

建基工程咨询有限公司成立于1998年，是一家以建筑工程领域为核心的全过程咨询解决方案提供商和运营服务商。拥有39年的建设咨询服务经验、30年的工程管理咨询团队、25年的品牌积淀，十年精心铸一剑。二十五年来，公司共完成9000多个工程建设工程咨询服务项目，工程总投资约千亿元，公司所监理的工程曾多次获得“詹天佑奖”“鲁班奖”、国家优质工程奖、国家钢结构金奖、河南省“中州杯”及地、市级优质工程奖。

公司采用多种组织方式提供工程咨询服务，为项目决策、实施和运维阶段持续提供碎片式、菜单式、局部和整体解决方案。公司可以从事建设工程分类中，全类别、全部等级范围内的全过程咨询服务、建设项目咨询、造价咨询、招标代理、工程技术咨询、BIM咨询服务、项目管理服务、项目代建服务、监理咨询服务以及工程设计服务。

公司是“全国监理行业百强企业”“河南省建设监理行业骨干企业”“全过程工程咨询BIM咨询公司综合实力50强”“河南省全过程咨询服务试点企业”“河南省程监理企业二十强”“河南省先进监理企业”“河南省诚信建设先进企业”，是中国建设监理协会理事单位、《建设监理》常务理事长单位、河南省建设监理协会副会长单位。

目前，公司各类技术人员有1200余人。其中注册监理工程师235人、造价工程师21人、一级注册建筑师2人、注册公用设备工程师（给水排水）2人、注册公用设备工程师（暖通空调）2人、注册电气工程师（供配电）2人、人防监理工程师23人、一级注册结构工程师3人、注册规划师2人、一级注册建造师29人，其他注册工程师50人；专业监理工程师800余人，是一支技术种类齐全、训练有素、值得信赖的工程建设咨询服务队伍。

目前，公司具有工程监理综合资质（涵盖公路工程、水利水电工程、港口与航道工程、农林工程、建筑工程、市政公用工程、机电安装工程、民航工程、铁路工程、电力工程、通信工程、冶金工程、矿山工程、石油化工工程），建筑行业（建筑工程）设计甲级、工程造价咨询甲级资质，政府采购招标代理、建设工程招标代理资质，以及工程勘察工程测量专业乙级、水利工程施工监理乙级、人防工程监理乙级、市政行业（排水工程）专业设计乙级、市政行业（桥梁工程）专业设计乙级、市政行业（道路工程）专业设计乙级、建筑行业（人防工程）专业设计乙级、水土保持工程施工监理专业乙级、商物粮行业批发配送与物流仓储工程专业设计乙级、风景园林景观设计乙级等资质。

企业文化：建基咨询一贯秉承“严谨、和谐、敬业、自强”的企业文化精髓，坚守“思想引领、技术引领、行动引领、服务引领”的建基梦，努力贯彻“热情服务，规范管理，铺垫建设工程管理之基石；强化过程，再造精品，攀登建设咨询服务之巅峰；以人为本，预防为主，确保职业健康安全之屏障；诚信守法，持续改进，营造和谐关爱绿色之环境”的企业质量方针。

多年来，公司发挥行业引领作用，紧握时代脉搏，积极承担社会责任。疫情期间，积极参与疫情防控医院建设监理，深入一线抗疫，捐款捐物支援灾后重建；连续8年持续资助贫困地区教育和社区建设，用行动践行着一个企业的责任与担当。

公司以梦为马，积极进取，精诚合作，勠力同心，为成就“服务公信，品牌权威，企业驰名，创新驱动，引领行业服务示范企业”的愿景而不懈奋斗！公司愿携手更多建设伙伴，科技先行，持续赋能，用未来十年眼光谋发展大计，以科学合理的咨询服务体系，为建筑企业数字化转型赋能，为中国宏伟建设蓝图踵事增华！

（本页信息由建基工程咨询有限公司提供）

九江市建设监理有限公司

九江市建设监理公司创建于 1993 年，九江市建院监理公司创建于 1997 年，2005 年九江市建设监理公司和九江市建院监理公司两家公司合并重组，沿用“九江市建设监理公司”名称，2008 年改制，2009 年 1 月成立“九江市建设监理有限公司”，成为国有参股的综合型混合制企业。

改制以来，企业进入了一个良性高度发展阶段。2015 年以郭冬生董事长为核心的领导班子凝心聚力，共绘蓝图，企业逐步发展壮大到如今的近 700 人，企业经营收入超亿元，较过去翻了一番。在江西省各地、市乃至省会南昌市的同类企业中成为佼佼者，企业品牌价值和知名度显著提高。

近年来，企业的资质范围拓展为拥有房屋建筑工程监理甲级资质、市政公用工程监理甲级资质、人民防空工程监理甲级资质、工程招标代理甲级资质、工程造价咨询甲级资质、机电安装工程监理乙级资质、测绘乙级资质、水利水电工程监理丙级资质、公路工程监理丙级资质、市政公用工程施工总承包叁级资质、建筑装修装饰工程专业承包贰级资质，公司资质还在逐年增加。

公司目前国资占股 23%，企业员工占股 77%。企业现有职工 670 人，其中硕士 2 人，本科近 150 人；现有高级技术职称 27 人、中级技术职称 239 人；国家注册一级职业资格证书突破 200 人次；中共党员 53 人，占员工总数 7.9%。企业资产超过 5000 万元，年经营合同总额近 2 亿元，年营业总收入超亿元，年缴纳各项税额合计近 800 万元。

近年来，企业的年产值逐渐增长为数亿元，逐步发展成为一个现代化、综合性工程咨询服务企业。服务的多个项目荣获各类国家及省级奖项，并荣获“中国工程监理行业先进企业”“全国代理诚信先进单位”“企业贡献奖”“最佳雇主”等百余项荣誉。

“向管理要效益，以制度促发展”。近年来，企业始终将制度建设与科学管理摆在首位。注重学习型企业的打造，把培养员工、成就员工当成企业的重要使命之一。

企业宗旨：

公司致力于项目投资、建设规律和流程的研究与探索，向业主提供专业、高效、多样化的全生命周期咨询及项目风险管控服务。建立了一支专业、勤奋、廉洁的项目管理与咨询优秀团队，成为全国一流的项目建设综合性服务和管理的品牌提供商！

企业愿景：

公司始终坚持“感恩继承、创新求变、奋发有为、和谐发展”的企业精神，努力将企业打造成为江西省乃至长江中下游地区一流的项目建设咨询、项目建设过程服务、项目管理等综合服务提供商。

企业精神与核心价值观：

感恩继承、创新求变、奋发有为、和谐发展。

做工程建设的管理专家，做项目建设的安全卫士。

服务宗旨：

服务到位，控制达标，工程优良，业主满意。

经营理念：

诚信创造未来，细节成就辉煌。

昌九高速“高改快”工程（前进东路、陆家垄路互通工程）

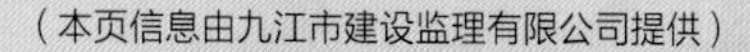

（本页信息由九江市建设监理有限公司提供）

上饶关键零部件产业园 B 区建设项目

上饶市纪委监委鄱阳廉政教育中心建设项目综合楼

九江市八里湖新区万泰城·天颂二标段

九江市德安县泰信·凤凰城二期

吴城候鸟小镇二期项目（国际候鸟保护中心）工程

九江市濂溪区人民医院

九江市民服务中心（北附楼）维修改造工程（EPC）

庐山西海舰队球类运动休闲中心

全国住房城乡建设系统

先进集体

中华人民共和国人力资源和社会保障部
中华人民共和国住房和城乡建设部
二〇一二年十二月

城建咨询 2012 年被授予“全国住房城乡建设系统先进集体”荣誉称号

城建咨询 2017 年被授予“全国文明单位”荣誉称号

城建咨询参建的保山市清华湖园林生态酒店项目荣获国家优质工程奖

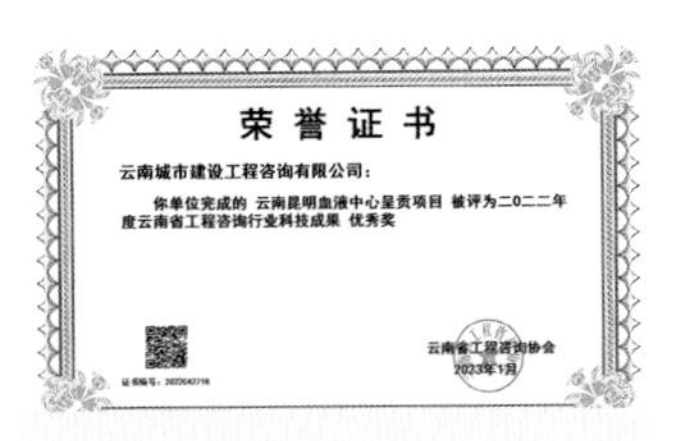

城建咨询前期咨询业务云南昆明血液中心呈贡项目被评为工程咨询行业科技成果优秀奖

城建咨询参建的石安公路（安宁段）改造工程（一标段）EPC 工程总承包项目荣获市政工程最高质量水平评价

建水县西庄镇新房村“多规合一”实用性村庄规划荣获“干部规划家乡”二等奖

城建咨询全过程咨询业务滇中空港商务广场（二期）被评为全过程工程咨询服务优秀案例

云南城市建设工程咨询有限公司

云南城市建设工程咨询有限公司（中文简称“城建咨询”，英文简称 YMCC）于 1993 年成立，是全国文明单位、全国住房城乡建设系统先进集体、高新技术企业和专精特新中小企业，也是早期获批的云南省建设工程监理试点单位和云南省建设工程项目管理试点单位，一家可为客户提供建设全过程、组合式、多元化、专业化、专属定制式工程咨询服务的全牌照、综合型、集团化的工程咨询服务商。

城建咨询通过 30 年的积累，沉淀了“1+5+N”管理模式，即实现党组织“1”核心作用发挥，结合企业“质量安全、智慧引擎、人文环境、职业道德、客户满意”“5”个基础，以“业务创新、市场创新、科技创新……”等“N”个创新方法，持续推动企业高质量健康发展。

城建咨询是云南省国土空间规划学会、云南省建设监理协会、中国—东盟建筑产业互联网联盟组建发起人；现任中国建设监理协会理事单位，云南省建设工会妇女工作委员会主任单位，云南省勘察设计质量协会 BIM 工作委员会副主任单位，云南省国土空间规划学会、云南省建设监理协会、云南省建设工程招标投标行业协会副会长单位，云南省建筑业协会、云南省工程咨询协会常务理事单位，云南省建设工程造价协会、云南省志愿服务联合会、云南省勘察设计协会、广东省建设监理协会、云南省对外投资合作协会南亚东南亚设计咨询专业委员会、云南省认证认可协会、云南省工程检测协会会员单位；云南省工商业联合会重点联系服务企业。

城建咨询拥有一支复合型、创新型高素质人才队伍，人才包含国家注册咨询工程师（投资）、注册城乡规划师、一级注册建筑师、一级注册结构师、注册监理工程师、一级注册造价工程师、注册建造师、注册公用设备工程师、注册安全工程师、信息系统监理师、BIM 工程师、项目管理师、招标师、采购师、注册会计师、注册律师、注册房地产评估师等；员工分别被国家及省级政府部门、各级行业协会推选为国家、省、市住建部门，省财政厅、审计厅，市政府等专家，以及特聘为云南知名高校客座教授、研究生导师。企业员工分别被授予“优秀党务工作者”“优秀共产党员”“全国劳动模范”、国家及省级“优秀总监”“专监”“建筑业发展突出贡献个人”“建设监理发展特殊贡献个人”“和谐家庭”等荣誉称号。正是这样一个高素质、高技能的精英团队，让企业实力倍增。

城建咨询始终坚持“弘扬科学精神，创新科技强企”的指导思想，拥有 30 余项计算机软件著作权及专利，发布了“数字云咨 · 智慧咨询”建设体系，以业务项目信息化建设为主体，实现了企业从“集约化管理”到项目“精细化管理”的战略发展规划。同时，城建咨询可提供“云咨智库”的智囊机构咨询，在工程建设领域具有权威性的风险评估和控制能力。除积极参与相关法律法规、宏观调控和产业政策的研究制定外，在学术交流及政策引导方面，也贡献着巨大价值。目前，城建咨询已完成了《云南省建筑工程 BIM 监理工作标准》《云南省装配式建筑工程监理规程》《云南省建设工程监理规程》等多项地方、行业标准及规程的编制工作。

城建咨询通过 30 年的发展，承揽了 5000 多个各类工程咨询项目，参与了雄安新区、广东、湖南、西藏、贵州、云南、南亚、东南亚等众多地区、国家重点工程项目和标志性工程的工程咨询工作，荣获 500 余项国家级、省部级、市级奖项荣誉，在行业内获得了优良的声誉、在客户中建立了良好的口碑、在市场中树立了优质的品牌。目前，城建咨询正着手全力打造云南建筑科技绿色产业生态圈，力将云南省建设领域高科技、数字化、信息化、智慧化、绿色环保作为发展方向，让产业链上下游聚集协同达到良性互补。

地　址：昆明市西山区日新中路 620 号润城第一大道 2 栋 26 楼
邮　编：650228
电　话：0871-64198558、0871-64107830
联系人：燕先生 13700617515
邮　箱：sxjlxh@126.com
传　真：0871-64199068

（本页信息由云南城市建设工程咨询有限公司提供）

东丰国际梅花鹿产业创投园项目

扶余市客运站项目

长春安龙泉互通立交桥项目

长春东部快速路生态大街立交桥项目

长春福祉大路立交桥项目

长春汽开区西湖公园项目

长春人民大街出口南延项目

长春建业集团股份有限公司

长春建业集团股份有限公司成立于2002年，是专注基础设施建设工程技术服务方案的提供商，主要服务于建筑、市政和交通等行业，涵盖科技、数字化研发，工程建设全过程咨询、工程施工，全过程咨询主要包括：工程监理、城乡规划、工程咨询、工程设计、勘察测绘、工程招标、造价咨询、项目管理、试验检测等全产业链技术咨询服务。

目前公司是中国建筑监理协会、中国交通建设监理协会会员单位，已获批包括市政公用工程监理、公路工程监理等国家级甲级资质25项、省级12项，设有独立中心试验室。现为国家级高新技术企业、吉林省“专精特新”及小巨人企业，于2016年成功挂牌新三板，公司是吉林省内同行业中业务范围最广的科技技术性服务企业之一。

公司成立20年来，始终坚持“创新引领，服务至上”的理念，积极探索高质量发展之路，先后经历了公司改制与并购、集团化发展、新三板挂牌、数字化转型四个历史阶段。长期以来深耕工程监理专业领域，推动工程监理数字化转型，自主研发基于BIM、GIS、IOT、AI等技术的工程建设全过程工程数智化管理平台并广泛应用于工程监理项目，极大地提高了工程监理管理水平，目前已在市场竞争中凸显优势。

公司先后参建近2000个大中型工程监理项目，长春市东部快速路D1标工程项目获得2020—2021年度国家优质工程奖，被中国建筑业协会授予“建设工程项目施工安全生产标准化建设工地”称号，荣获2018年度“省级标准化管理示范工地”称号，目前公司参建工程监理项目取得百余项专业奖励，公司专业水平得到社会各界充分认可，连续三年荣获吉林省先进工程监理企业称号。

公司始终坚持人才兴企、人才强企理念，注重人才培养与引进，目前拥有员工365人，其中正高级、高级工程师145人。打造了一支专业技能强、综合素质高的工程监理专业团队，夯实了公司高质量发展人才队伍基础。

建业人志存高远、以梦为马，踔厉奋发、笃行不怠。未来公司将聚焦主业打造全过程集约化技术和管理团队，大力推动工程监理与数字化深度融合，为实现工程监理行业转型升级高质量创新发展而不懈奋斗。

（本页信息由长春建业集团股份有限公司提供）

LCPM

连云港市建设监理有限公司

连云港市建设监理有限公司（原连云港市建设监理公司）成立于1991年，是江苏省首批监理试点单位，具有房屋建筑工程和市政公用工程甲级监理资质，工程造价咨询甲级资质、人防工程监理甲级资质、机电工程监理乙级资质、招标代理乙级资质，被江苏省列为首批项目管理试点企业。公司2003年、2005年、2007年、2009年和2011年连续5次被江苏省建设厅授予江苏省“示范监理企业”荣誉称号，2007年、2010年、2012年连续三届被中国建设监理协会评为“全国先进工程监理企业”。公司2001年通过了ISO 9001—2000认证。公司现为中国建设监理协会会员单位、江苏省建设监理协会副会长单位，是江苏省科技型3A级信誉咨询企业。

30余年工程监理经验和知识的沉淀，造就了一大批业务素质高、实践经验丰富、管理能力强、监理行为规范、工作责任心强的专业人才。在公司现有的180余名员工中：高级职称40名、中级职称70名；注册监理工程师73名、注册造价工程师11名、一级建造师28名，江苏省注册咨询专家9名。公司依托健全的规章制度、丰富的人力资源、广泛的专业领域、优秀的企业业绩和优质的服务质量，形成了独具特色的现代监理品牌。

公司可承接各类房屋建筑、市政公用工程、道路桥梁、建筑装潢、给水排水、供热、燃气、风景园林等工程的监理，以及项目管理、造价咨询、招标代理、质量检测、技术咨询等业务。

公司自成立以来，先后承担各类工程监理、工程咨询、招标代理2000余项。在大型公建、体育场馆、高档宾馆、医院建筑、住宅小区、工业厂房、人防工程、市政道路、桥梁工程、园林绿化、自来水厂、污水处理、热力管网等多项领域均取得了良好的监理业绩。在已竣工的工程项目中，质量合格率100%，多项工程荣获国家优质工程奖、江苏省“扬子杯”优质工程奖及江苏省示范监理项目。

公司始终坚持“守法、诚信、公正、科学”的执业准则，遵循“严控过程，科学规范管理；强化服务，满足顾客需求”的质量方针，运用科学知识和技术手段，全方位、多层次地为业主提供优质、高效的服务。

地　址：江苏省连云港市海州区朝阳东路32号
电　话：0518-85591713
传　真：0518-85591713
邮　箱：lygcpm@126.com

连云港市北崮山庄项目

（本页信息由连云港市建设监理有限公司提供）

连续三次获得“全国先进工程监理企业”称号

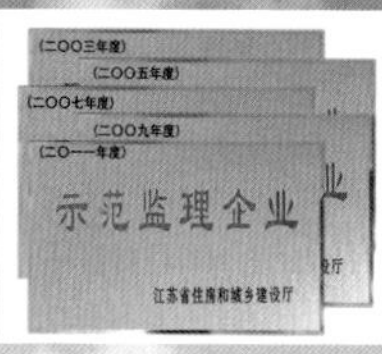

连续五次获得“江苏省示范监理企业”称号

“鲁班奖”证书

BRT1号线全国市政金杯

供电公司综合楼（国家优质工程奖）

江苏省电力公司职业技能训练基地二期综合楼工程（国家优质工程奖）

连云港市第一人民医院病房信息综合楼项目

连云港市广播影视文化产业城项目

连云港市城建大厦项目（中国建设工程“鲁班奖”）

赣榆高铁拓展区初级中学工程

连云港出入境检验检疫综合实验楼项目

连云港市东方医院新建病房楼项目

连云港市第二人民医院西院区急危重症救治病房及住院医师规培基地大楼

连云港市连云新城商务公园项目

连云港海滨疗养院原址重建项目

连云港市金融中心1号（金融新天地项目）

连云港市建设监理有限公司领导风采

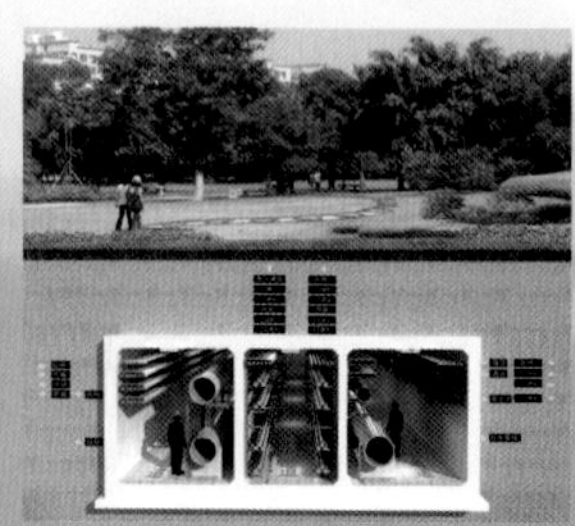

连云港徐圩新区地下综合管廊一期工程

湖南省建设监理协会第四届第五次理事会议

湖南省建设监理协会第五届第一次会员代表大会暨五届一次理事会

湖南省建设监理行业“不忘初心　砥砺前行”党史教育培训班

湖南省建设监理行业“不忘初心　砥砺前行”党史教育培训班开班仪式

湖南省建设监理协会

湖南省建设监理协会（Hunan Province Association of Engineering Consultants，简称 Hunan AEC）。

协会成立于1996年，是由湖南省行政区域内从事全过程工程咨询、工程建设监理、项目管理业务等业务相关单位及个人自愿组成的自律管理、全省性行业组织，是在湖南省民政厅注册登记具有法人资格的非营利性社会团体，现有单位会员近300家。

协会宗旨：以习近平新时代中国特色社会主义思想为指导，加强党的领导，践行社会主义核心价值观，遵守社会道德风尚;遵守宪法、法律、法规和国家有关方针政策。坚持为行业发展服务，维护会员的合法权益，引导会员遵循“守法、诚信、公正、科学”的职业准则，协助加强会员与政府、社会的联系，发展和繁荣湖南省全过程工程咨询、工程建设监理和项目管理事业，提高行业服务质量。

协会在省住房和城乡建设厅、民政厅的正确领导下，在中国建设监理协会和协会会员的大力支持下，为政府主管部门和会员提供精准服务，开展主要工作有：

（一）开展调查研究国内外同行业的发展动态，反映会员的意见和诉求，提出有关行业发展的经济、技术、政策等方面建议，推进行业管理和发展。

（二）组织经验交流、参观学习，宣传、贯彻有关行业改革和发展的方针、政策，总结和推广改革成果和经验，组织行业培训、技术咨询、信息交流。帮助企业转型升级，提高企业核心竞争力，推进行业整体素质的提高，鼓励企业“走出去”，加快与国际接轨的步伐。

（三）建立健全行业自律管理机制和诚信机制。开展对会员单位及其监理人员的信用及资信评价，推行并落实监理报告制度，做好建筑从业人员实名制管理工作，加强行业自律管理；受理会员投诉，维护行业和会员的合法权益，依法依规开展维权活动。

（四）推动工程建设监理智慧化、智能化管理，推进安全生产标准化、信息化建设，推广BIM技术、物联网、人工智能、大数据、云计算在工程建设监理中的应用；开展安全生产的宣传教育、风险辨识、评估，以及质量风险管控和安全评价等相关工作。

（五）推行“适用、经济、绿色、美观”的新时期建筑方针，开展与全过程工程咨询、建设工程监理、项目管理相关联的装配式建筑、绿色建筑及节能建筑等业务活动，促进企业多元化发展。

（六）承担政府相关部门、社会保险机构、高校或其他合法合规的社会机构委托的相关工作，参与制定相关政策、规划、规程、规范、行业标准及行业统计等工作事务。

（七）建立行业管理相关平台并负责管理，办好会刊、杂志，收集、编辑有关政策、法规、市场信息及行业发展的书刊及资料。

（八）开展行业相关业务的调查、统计、研究工作，为指导企业开展业务和向政府有关部门提供决策依据。

（九）开展行业宣传工作，表彰会员单位中的优秀企业和个人。

目前正在实现职能转变，以提升服务质量、增强会员凝聚力，更好地为会员服务。在转型升级之际，引导企业规划未来发展，与企业一道着力培养一支具有开展全过程工程咨询实力的队伍，朝着湖南省工程咨询队伍建设整体有层次、竞争有实力、服务有特色、行为讲诚信的目标奋进，使湖南省工程咨询行业在改革发展中行稳致远。

（本页信息由湖南省建设监理协会提供）

广骏监理

广州广骏工程监理有限公司

广州广骏工程监理有限公司成立于1996年7月1日，是一家从事工程监理、招标代理等业务的大型综合性建设管理企业。公司现有员工近500人，设立分公司20个，业务覆盖全国20个省、40余个城市。

公司现已取得房屋建筑工程监理甲级、市政公用工程监理甲级、电力工程监理乙级、机电安装工程监理乙级、广东省人民防空工程建设监理乙级、广东省工程建设招标代理行业3A级等资质资信。

公司现有注册监理工程师、一级注册建造师、注册造价工程师等各类人员近100人，中级及以上职称专业技术人员100余人，近10人获聘行业协会、交易中心专家，技术力量雄厚。

公司先后承接商业综合体、写字楼、商场、酒店、公寓、住宅、政府建筑、学校、工业厂房、市政道路、市政管线、电力线路、机电安装等各类型的工程监理、招标代理、造价咨询项目500余个，标杆项目包括新浪总部大楼、国贸中心项目（2标段）、广州富力丽思卡尔顿酒店、佛山中海寰宇天下花园等。

公司现为全国多省市10余个行业协会的会员单位，并担任广东省建设监理协会理事单位、广东省建筑业协会工程建设招标投标分会副会长单位、广东省现代服务业联合会副会长单位。公司积极为行业发展作出贡献，曾协办2018年佛山市顺德区建设系统"安全生产月"活动、美的置业集团2018年观摩会等行业交流活动。

公司成立至今，屡次获得广东省现代服务业500强企业、"广东省守合同重信用企业""广东省诚信示范企业""广东省优秀信用企业"、广东省"质量 服务 信誉"3A级示范企业、"中海地产A级优秀合作商""美的置业集团优秀供应商"等荣誉称号。公司所监理的项目荣获中国建设工程鲁班奖（国家优质工程）、广东省建设工程优质奖、广东省建设工程金匠奖、北京市结构"长城杯"工程金质奖、天津市建设工程"金奖海河杯"奖、河北省结构优质工程奖、江西省建设工程杜鹃花奖、湖北省建筑结构优质工程奖等各类奖100余项。

公司逐步引进标准化、精细化、现代化的管理理念，先后获得ISO 9001质量管理体系认证证书、ISO 14001环境管理体系认证证书和OHSAS 18001职业健康安全管理体系认证证书。近年来，公司立足长远，不断创新管理模式，积极推进信息化，率先业界推行微信办公、微信全程无纸化报销，并将公司系统与大型采购平台及服务商对接，管理效率大幅提高。

公司鼓励员工终身学习、大胆创新，学习与创新是企业文化的核心。而全体员工凭借专业服务与严谨态度建立的良好信誉更是企业生存发展之根本。

公司的发展壮大离不开全体员工团结一致、共同奋斗。未来，公司将持续改善管理，积极转型升级，全面提升品牌价值和社会影响力，为发展成为行业领先、全国一流的全过程工程咨询领军企业而奋力拼搏。

（本页信息由广州广骏工程监理有限公司提供）

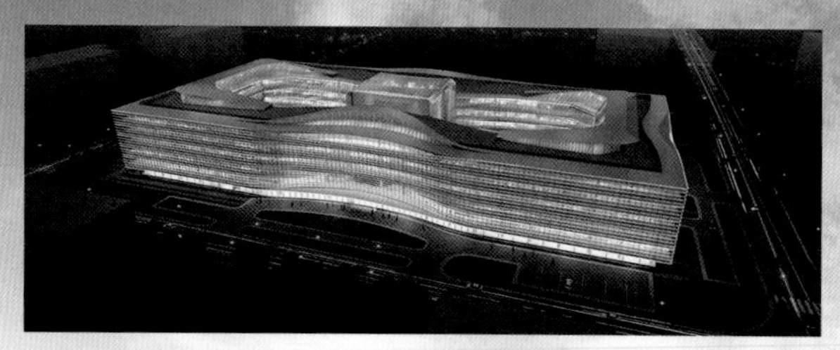

新浪总部大楼（获美国绿色建筑LEED铂金级预认证）

富力国际公寓（获中国建设工程鲁班奖）

邯郸美的城（获河北省结构优质工程奖）

北京富力城（获北京市结构长城杯工程金质奖）

智汇广场（获广东省建设工程优质奖）

国贸中心项目（2标段）（获广东省建设工程优质结构奖）

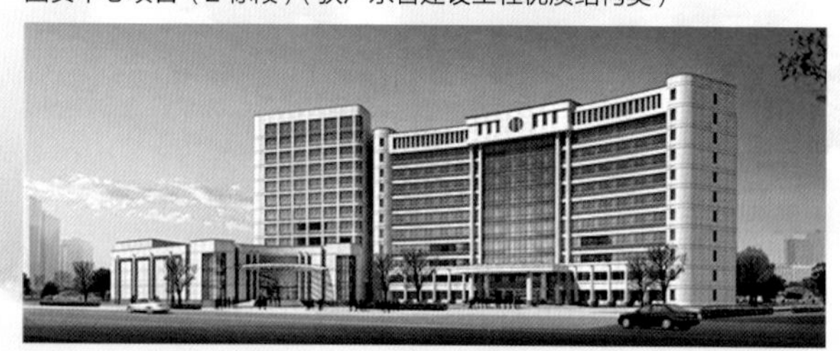

广州市荔湾区会议中心（获广州市优良样板工程奖）

联投贺胜桥站前中心商务区（获咸宁市建筑结构优质工程奖）